Yumiko's cake
韓式裱花蛋糕
フラワーケーキ

275
review without passion
come to a decision, and
In the name of God.
as he turned away
not catch. He said
I punched Jem.
that's what

Calpur-walking

color PREVIEW
Benjamin Moore
ProGel
cuoca

ProGel
Purple
25g
Professional Grade
ProGel
Chestnut
25g
Professional Grade

創造出獨特風格的裱花專書

저는 모두에게 적극적으로 이 책을 추천하고 싶습니다 .
이 책은 버터크림 플라워 케이크를 만들고 싶어 하는 사람들에게
중요한 정보와 영감의 원천이 되 줄 것입니다 .
유미코 , 그녀는 정말 특별한 예술가예요 .

I would highly recommend this book to everybody.
This book will be an excellent source of both information
and inspiration for the people who want to make
buttercream flower cakes.
Yumiko, she is a really special artist.

韓國 KFCA 協會會長
Soo Jung Lee (Alice Cake) / 이수정 (앨리스케이크)
President of K.F.C.A / 한국플라워케이크협회 협회장

這本韓式裱花專書，值得等待

라워케이크를 만드는 아름다운 손에 ,
향기가 날것 같은 정교함 , 그리고 수준높은 스킬을 더하고자 하는 이들에게 권합니다 .

推薦給美麗的各位
用妳美麗的雙手，製作出高水準又魅惑如同散發出迷人香氣的裱花蛋糕。
這本書會是妳們最好的選擇。

韓國 KCAA 協會會長

Sung Eun Kim(Sugarpress)/ 김성은 (슈가프레스)
President of K.C.A.A / 한국케이크아트협회 협회장

從裱花中，窺見性靈

靜瀅學習裱花藝術有成，她曾對我說過，學習裱花讓她性靈明性，讓她親近人文，讓她拉近親情，我認為她已窺人生哲理。

裱花的藝術是門性靈修行之課程，由裱花作品之造型、色澤、神韻，可看出創作者觀察力之敏銳、感受力之深刻、想像力之豐盛、人文化之內化、磁吸力之迴蕩，靜瀅之作品亦具上述特質。

今聞靜瀅欲將其心得分享大眾，由用料至製作流程及注意動作，拍輯成冊，相信對協助後繼者，透過裱花藝術製作，理解自己悟性，理解自己好惡，理解自己人文，理解自己性靈，理解自己內涵，會有莫大助益。

巧思廚藝

曾美子

為蛋糕裝飾，帶來一場華麗的視覺饗宴

非常榮幸，也很高興能為靜瀅的新書寫序。

認識靜瀅多年，看著她從一開始學習各項蛋糕裝飾技巧到今日成為學生愛戴的專業老師，一路走來無論是專業上精益求精的努力或是對學生的用心指導與提攜，相信她背後必定付出相當的心力。

靜瀅對美的事物一直有個人獨到的鑑賞力，這也充分表現在她的作品中。相信這本新書可以為喜歡韓式擠花的朋友提供更多學習資訊與創作靈感，也將為喜歡蛋糕裝飾的朋友帶來一場華麗的視覺饗宴！

最後恭喜靜瀅並衷心祝福新書熱銷！

瑪莉安的糖花園 負責人

Marian Liu

推薦序

不只是蛋糕裝飾，更是生活美感的呈現

和 Yumiko 老師認識，是在好多年前，她到花踴子上花藝課的時候。第一次見到她，好像看見一位從童話世界裡走出來的公主一般，充滿著粉紅色的甜美氣質和夢幻少女心；而現在，她的甜美氣質依然不變，卻多了一份沉穩內斂和低調的優雅！

Yumiko 老師的蛋糕，充滿著對「美」的喜好。從她的蛋糕中，彷彿可以看見人生；在溫潤優雅的色彩裡，藏著的喜怒哀樂，不經意地觸摸著妳心底曾經的記憶。而她把蛋糕裝飾的創意融進每個人的心裡，活生生的勾起妳做蛋糕、做裝飾、做料理的慾望，讓我們的生活，在甜甜的氣味、美美的視覺享受中渡過。

和她學過蛋糕，你會發現，蛋糕不止是蛋糕，她可以有樣子、有臉蛋、有個性，每個蛋糕都能賦予它們獨一無二的特色，蛋糕的名字，不再只有「口味」當作代名詞，可以更加的有生命、有一張美麗的臉蛋。

很期待 Yumiko 老師的作品和書。看過之後你會發現，吃在嘴裡的飽足感很重要，但掠過眼前留下的美好，才是讓妳想要在蛋糕裝飾中，不斷往前鑽的動力！拿起書來看看，你會同意我的感受！

花踴子花藝講師

Amy Lin

美食與藝術結合，用裱花勾勒美好生活

第一次看到 yumiko 老師的作品，
是在 FB 的網頁上，那時候驚為天人，
沒看過這樣美麗精美配色的花朵蛋糕，
也因為這樣，就這樣開啟我和美麗 YUMIKO 老師的緣分了（笑）
身為學習控的我當然立刻報名了老師的擠花課程，
除了美感絕佳，老師的教學也很仔細，
像我這樣手殘的初學者，
竟然也可以在第一次就做出有 8 分美感的韓式擠花杯子蛋糕，
不僅實品很精緻像藝術品之外，還意外地非常好吃，
真的是打破我對以往漂亮甜點，可能好看不好吃的印象，
覺得超有成就感，也讓我開始喜歡上製作甜點這件事！

這本書會是我第一本，推薦給你們，
覺得實用並且喜歡的韓式擠花工具書，
想讓這樣的美好，
填滿我們彼此的美味生活，
還有讓所愛的人也因為這樣而更幸福吧～

時尚部落客

美味與美感兼具的一本書

美しさを味わう事に気付かせてくれる「美味しい」一冊です。

日本創意藝術畫家
Makodo Takunaga san
ソニー・スズキ（画家）

烘培甜蜜人生

非常感謝繪虹出版社的邀約，Yumiko終於完成了這人生第一本書。我經常在上課時，被學員們詢問，為什麼會從事蛋糕裝飾教學？如何開始？

話說，從小因為父母做生意正值起步又忙錄的階段，媽媽就把 Yumiko 放在外婆家，直到上國中，才真正回到自己的家，從此就注定我會愛上做甜點！沒錯！外婆幾乎是我第一個甜點啟蒙老師。

從日本遠嫁到台灣的外婆，從小跟在她身邊，覺得外婆是最好的賢妻良母了！她總會跟我說，以前在日本自己栽種的南瓜和水果如何美味。而小時侯的我，總無法理解同樣是南瓜、玉米，怎麼可能台灣和日本的味道會不同？（在味覺的分辨上，深深影響了日後做甜點對材料選擇的敏銳）。

然而最重要的是，每天一到下午 3:00，絕對會有下午茶可以吃！對小女孩而言，這真是每天覺得最幸福的時光了……有時侯很好奇，跑去廚房硬要一起做鬆餅、蛋糕、奶茶。每次在準備的時候，空氣中瀰漫著甜甜的蛋奶香氣，讓人覺得格外的幸福！在下午 3:00 最喜歡說的～いただきます～我要享用了！

回到自己的家後，開始面對國中聯考，外婆的下午茶成為最懷念的時光！於是在人生中領到第一份薪水，就開始拜師學藝做蛋糕！常常別人的假日都去遊山玩水、而我大部分的時間都在家裡做蛋糕。

所以在這裡要深深的感謝我最可愛的日本阿嬤，田中梅子女士，因為小時候每天都有她親手做的下午茶，迴盪在空氣中的甜蜜記憶香氣，成為日後一直想把甜點學好的強烈動力！！

婚後媽媽總鼓勵我別斷了烘焙的學習之路，再加上先生、公婆的支持！一路上遇到好多貴人、老師！

曾美子老師教學嚴格、一絲不苟的精神，深深影響了我！瑪莉安老師對裝飾教學的細膩與執著，對學員無私的傾囊相授，讓我感動！林南西老師鼓勵我只要有專業就能行天下！花踴子 Amy 老師對花的深刻認知及熱情都對日後我持續進修擠花給予好多的養分！還有好多好多曾經學習過的老師，深深的感謝您們！

在遇到生命最挫折困難的時候，我的 4 個妹妹們總給予我最大的支持與鼓舞！還有在無數上課、進修的日子裡，總為我設想週到，默默在身後照顧著孩子們的公公、婆婆、小叔！還有無數學員們、粉絲們一路的支持打氣！

最後要感謝我的先生在本書協助步驟圖拍攝、繪虹出版社編輯巧玲等了好久的文稿、Abby 犧牲了休息時間協助編輯出美美的書！ Feya 也協助了本書的執行！無限的感恩大家

Yumiko

Yumiko's Cake

推薦序

作者序

Chapter 1. 打開韓式裱花製作的祕密

Chapter 2. 一起來擠花吧！小巧的杯子蛋糕

Chapter 3. 設計心目中理想的花蛋糕

Chapter 4. 繽紛耀眼的花朵蛋糕

Chapter 5. 療癒系多肉植物蛋糕

Chapter 1

韓式裱花

Flower Cake

FLOWER CAKE DESIGN

フラワーケーキ

打開韓式裱花製作的祕密

韓式裱花採用獨特的手法製作出細膩的花瓣，
搭配柔和的色調，
呈現出宛如真花的精緻典雅，
讓人驚嘆不已，
現在就一起來認識材料與原理，
進入美麗的花花世界吧！

首先，準備好工具

フラワーケーキ

韓式裱花色彩繽紛絢爛，充滿浪漫唯美的氛圍，每每讓人忍不住驚嘆，在開始進行裱花前，了解工具本身的用途及用法，絕對是不可或缺的一環，以下將為大家介紹本書中使用的基礎工具。

裱花嘴&裱花轉接頭

裱花嘴：
不同的裱花嘴，可以使奶油擠出不同的形狀，因此每種裱花種類都有適合的裱花嘴對應，將在後面有詳細介紹。

裱花轉接頭：
在裱花時，有裱花轉接頭，則可以不需更換裱花袋，直接換花嘴，相當便利。

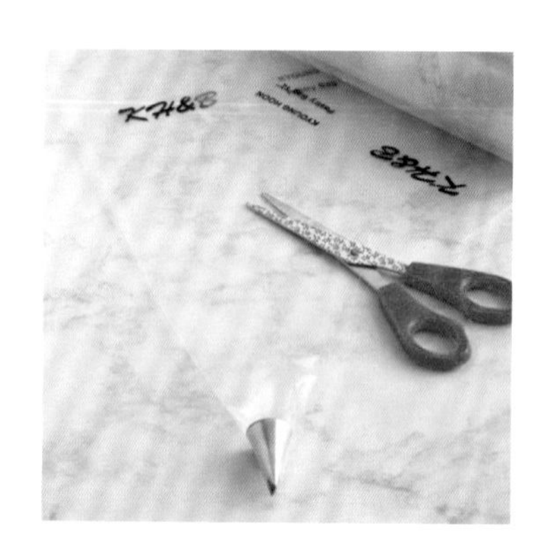

裱花袋

裝花嘴和奶油時使用，最好使用質地較厚的裱花袋較不容易破。將裱花袋剪出合適的開口大小，裝上所需的裱花嘴，再裝進奶油霜，就可以開始裱花了。

花釘&花座

花釘：
各類不同的花釘可以應用在不同大小花型，常用的花釘型號有7號。

花座：
裱花常常需要更換花嘴或裝奶油霜，此時擠到一半的花怎麼辦呢？別擔心把花釘放在花座上休息一下吧！

色膏

色膏通常使用美國 Wilton 或是英國 PreGel，也有其他選擇，但這兩個牌子是目前較為廣泛使用的食用色膏。

塑膠碗&攪拌棒&花剪

塑膠碗：
方便裝奶油霜及調色使用，尤其是漸層色調配時非常便利。

攪拌棒：
用來混合麵糊、 奶油霜或調色等，最好使用橡膠材質的攪拌棒，比較容易調勻。

花剪：
用於轉移花釘上裱好的奶油花，使用時最好預留 1 cm 的空間當成花托，再從花釘上把花朵取下。

抹刀&烘焙紙

抹刀：
挖取奶油霜和抹平蛋糕使用。

烘焙紙：
擠小型花朵時，剪成小方格使用，再放置於花釘上，擠上花朵後，放入冰箱變硬後裝飾蛋糕用。

首先，準備好工具

フラワーケーキ

攪拌機

在打奶油霜時，因為會倒入高溫的糖漿，還要邊攪拌蛋白霜，如果有攪拌機的協助會比較理想哦！

測溫槍 / 電子秤

測溫槍：
協助確認是否達到應有糖溫的好幫手，使用傳統探針型測溫器也可以。

電子秤：
在製作蛋糕和奶油霜時，請務必確認所有的材料重量與書上相同，電子秤可以精準地幫助大家哦！

蛋糕轉盤 / 不鏽鋼鍋

蛋糕轉盤：
進行蛋糕裝飾時，能輔助抹面順利完成，也方便確認花朵擺放位置。

不鏽鋼鍋：
煮糖漿時使用，最好用厚鍋。

學會調製奶油霜

フラワーケーキ

FLOWER CAKE DESIGN

韓式裱花主要可分為兩種，一種是奶油霜，還有一種是豆沙。本書使用的是奶油霜，入口輕盈滑順，嚐起來甜而不膩。由於穩定性高，可塑性也更強，十分適合用來做裱花，完美呈現花朵的細緻樣貌。現在就一起來學學奶油霜怎麼做吧！

透明奶油霜的製作

A 鍋
蛋白 140g（不需要回溫）
細砂糖 240g

B 鍋（煮糖）
細砂糖 120g
水 100 g

C 無鹽奶油 900g（不需要回溫）

A. 打發蛋白

1. 將蛋白倒入攪拌鍋中。

Tips：
攪打蛋白時，器具上有油或水，或蛋白中含有蛋黃，都會影響打發呦！

2. 攪打蛋白到有較粗大的泡沫，仍呈現液狀，即可準備加入細砂糖。

Tips：
若等到蛋白稍微打發才開始加糖，就會造成糖粒尚未溶解，此時製作的奶油霜可能會失敗。

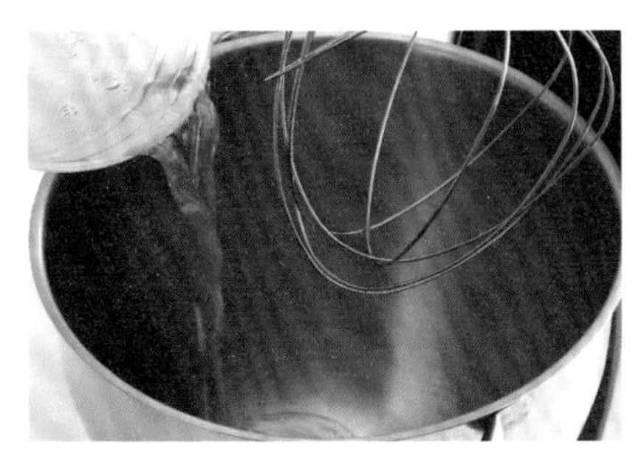

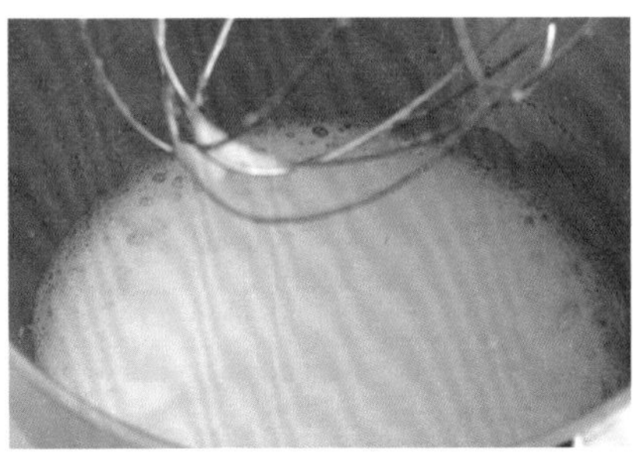

1 2

3. 將 240g 細砂糖分三次倒入蛋液中，每次都要攪拌到糖溶化。

Tips：
糖分次加入打發，口感會比較蓬鬆。

4. 第三次加糖時，要持續攪拌至溼性發泡。也就是將蛋白打到拿起打蛋器時，尾巴呈現彎曲的狀態即可。

Tips：
若撈起蛋糊還會流動，表示打發還沒完成呦！

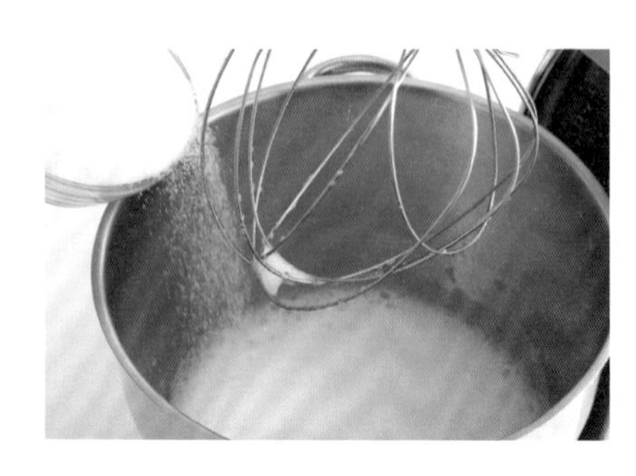

3 4

B. 煮糖

1. 打發蛋白的同時，也要進行煮糖，將 120g 的細砂糖放入鍋中，倒入 100g 的水。

2. 以慢火煮到 125 度後關火，過程中可使用測溫槍確認。

Tips：
如果沒有溫度計，當發現糖水質地變黏稠，上面布滿小小的氣泡，而不是大泡泡即可。

1 2

C. 混合打發蛋白與糖水

1. 啟動步驟 A 的攪拌機，一開始先開慢速。

2. 糖水煮好後，立刻緩緩倒入打發蛋白，直至倒完，此時將攪拌機的轉速開到高速，2 分鐘後停止，放入冰箱冷藏 1 小時。

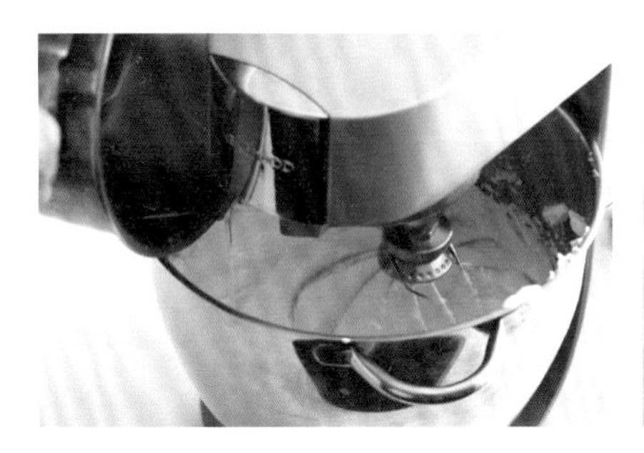

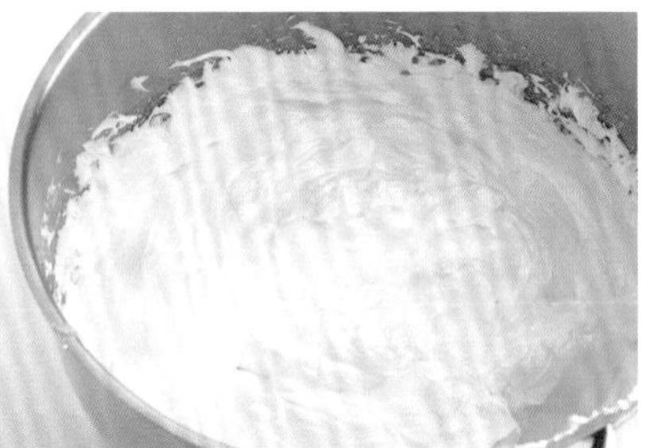

1 2

D. 拌入奶油，完成奶油霜

1. 將軟化好的奶油切塊放入鍋中。

2. 高速攪打至順滑狀態，即完成透明奶油霜。

1 2

- 如果調好顏色的奶油霜感覺太軟，可放回冰箱冷藏 5 分鐘再使用。

- 用不完的奶油霜，放置冰箱冷藏，可保存約 7 天。

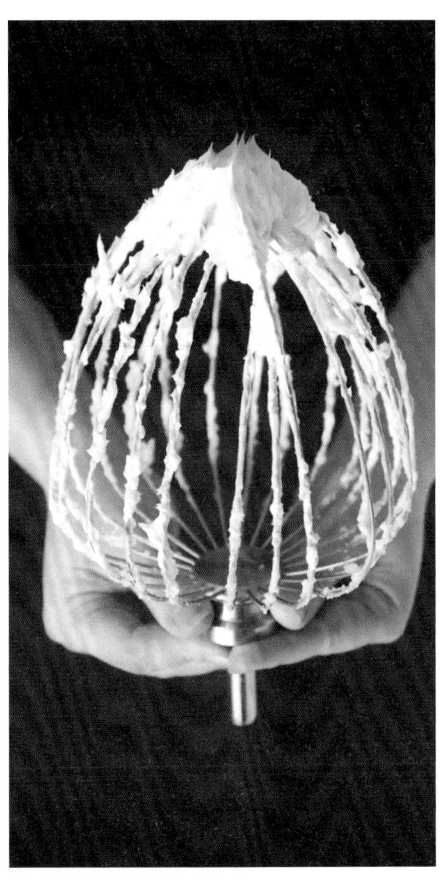

學會調製奶油霜

フラワーケーキ

奶油霜調色及混色技巧

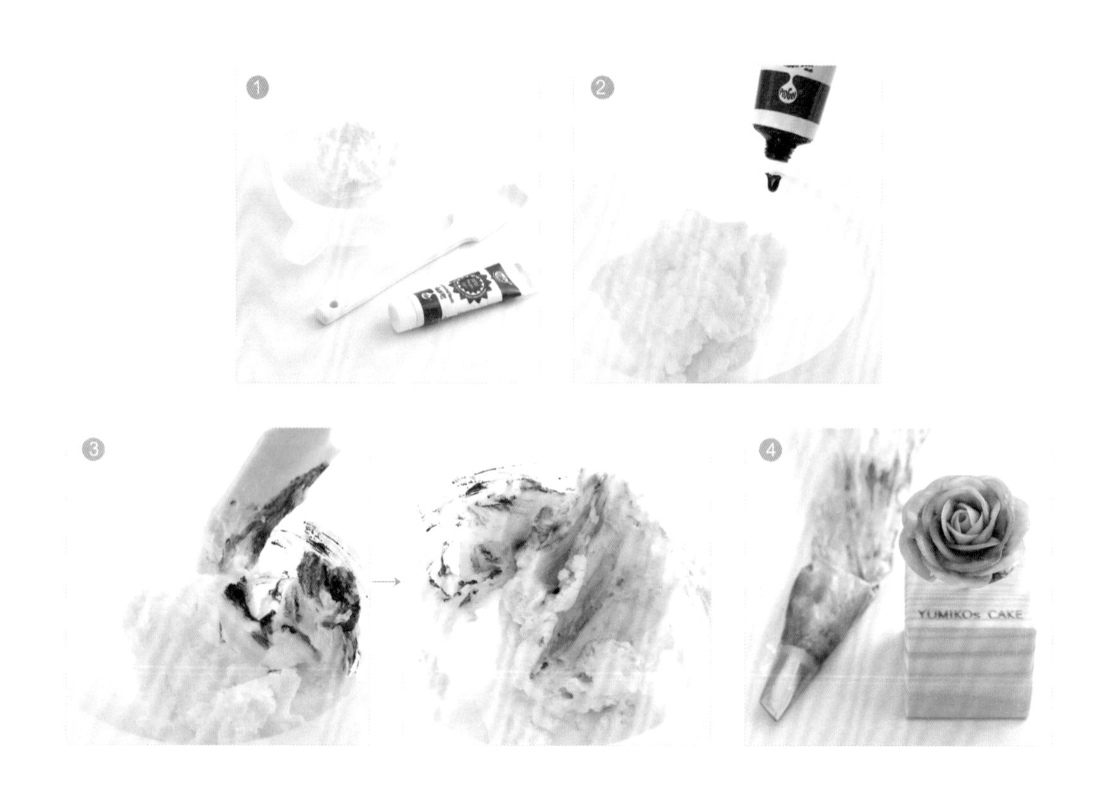

單色調色

1 準備透明奶油霜、色膏、攪拌棒。

2 將色膏沾在碗的旁邊。

3 稍微攪拌兩下即可，不均勻的顏色，擠出來的花比較生動。

4 裱花完成圖。

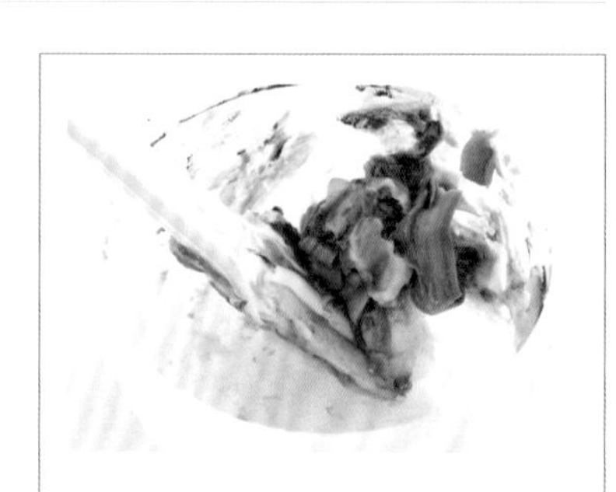

如果想要更深的顏色，色膏再滴一滴，稍微攪拌即可。

雙色混色

1 準備兩種顏色的奶油霜。

2 放入裱花袋，以刮刀將紅色推向花嘴寬的一邊（這裡示範多肉植物，多肉植物的花嘴，寬的部分要朝上）。

3 再將另一色裝入裱花袋。

4 裱花完成圖。

學會調製奶油霜

フラワーケーキ

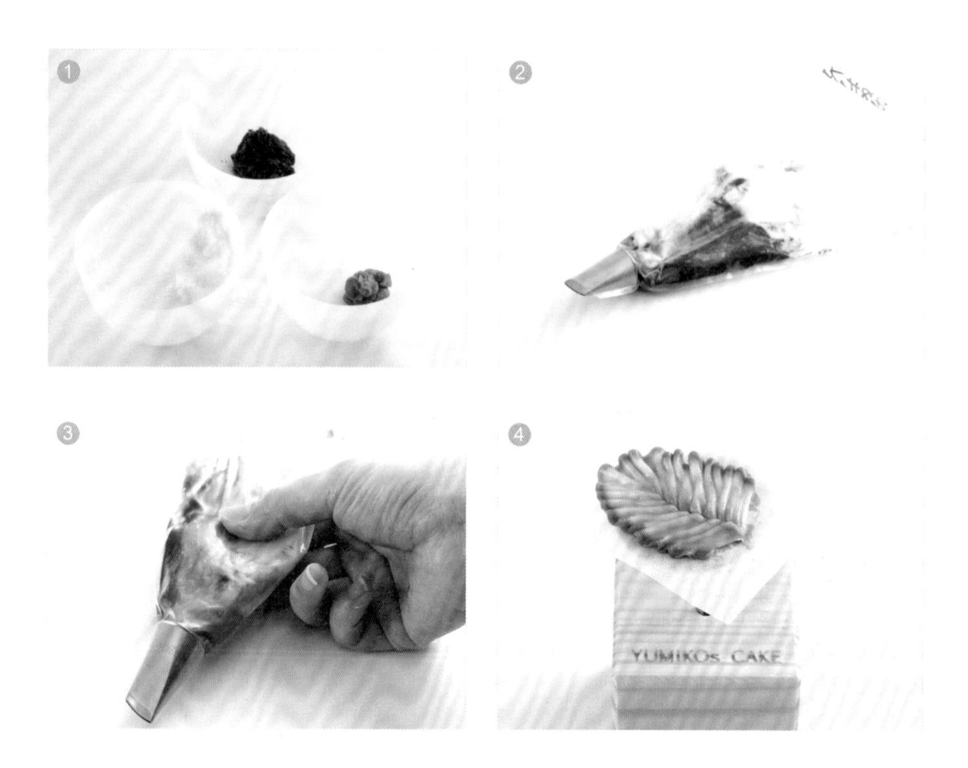

三色混色

1　準備三種顏色（深咖啡 / 淺咖啡 / 綠色）的奶油霜。

2　這邊示範葉子，會以綠色為主，邊緣色調會以深淺咖啡色，呈現自然的感覺。

3　裝入所有奶油霜後，用手稍微輕輕地捏兩下，模糊綠色與咖啡色的交界處，讓擠出的綠葉看起來比較自然。

4　裱花完成圖。

專欄｜善用調色，創造個人風格

フラワーケーキ

FLOWER CAKE DESIGN

進行奶油霜調色時，因為色膏上色很重，不要一次用很多，而是要慢慢調。

基本上有「紅、黃、藍」三原色就可以調出許多顏色，如果是初學者，一開始會花比較多時間摸索，等熟悉後，慢慢地就能創造出屬於自己的色調。

一般色膏若直接使用，調出來的顏色較為鮮明銳利，沒有太多個人風格，而每罐色膏可根據加入量的多寡，呈現出不同的深淺，若懂得加以運用，表現出來的顏色將會更加多元化。

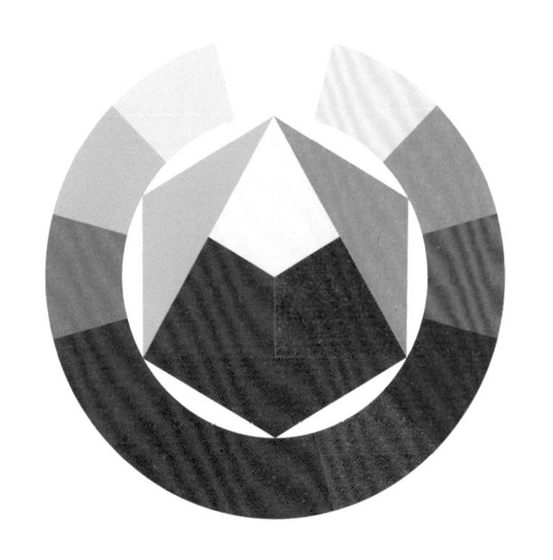

- 色膏顏色 + 褐色 Brown（牙籤沾一點點）= 沉穩暖色調
- 色膏顏色 + 黑色 Black= 冷色調

- 檸檬黃 lemon（牙籤沾 1 次）+ 黃色（牙籤沾 2 次）＝可調出較亮的黃色，若單純用黃色，顏色會偏橘色調。

- 寶石紅 Ruby（牙籤沾 4 次）+ 勃艮第紅 Burgundy（牙籤沾 1 次）= 可調出紅玫瑰的色調

專欄｜善用調色，創造個人風格

フラワーケーキ

由淺至深的色膏調色	牙籤沾 1 次	牙籤沾 2 次	牙籤沾 4 次
檸檬黃 Lemon			
黃色 Yellow			
桃色 Peach			
寶石紅 Ruby			
勃艮第紅 Burgundy			
粉紅色 Pink			
紫色 Purple			
淺藍色 Baby blue			
海軍藍 Navy blue			
褐色 Brown			
醋栗綠 Gooseberry			

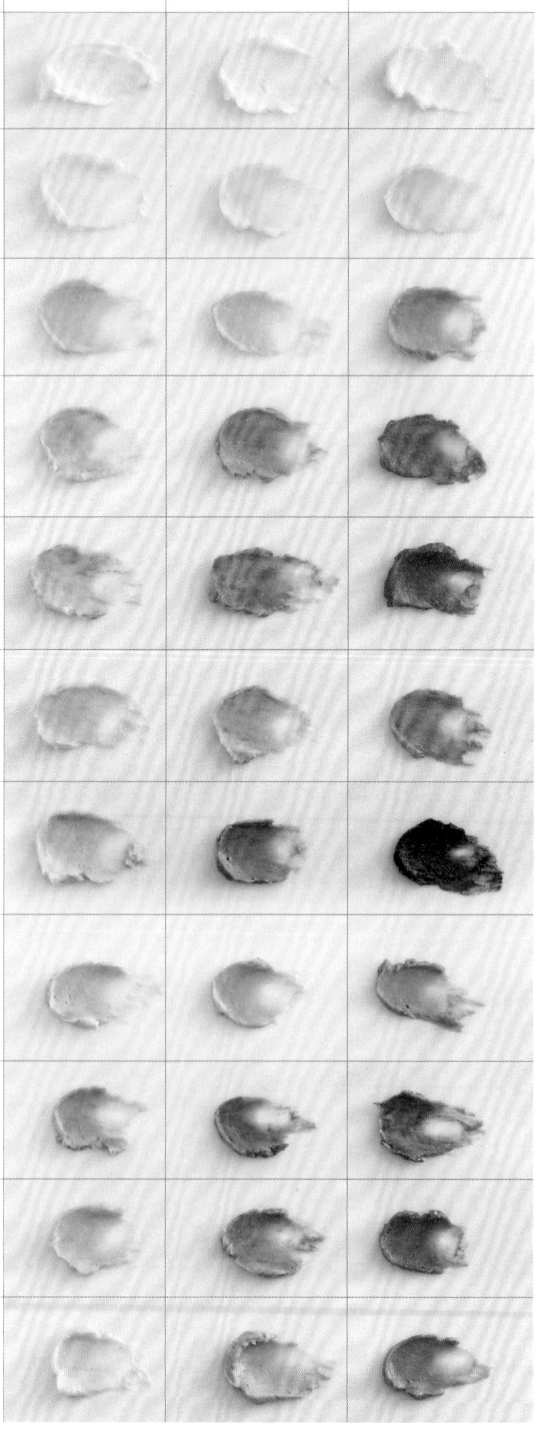

學會花嘴的運用

フラワーケーキ

FLOWER CAKE DESIGN

開始進行裱花前，學會正確使用裱花嘴，以及如何施力，是非常重要的，以下將為大家介紹裱花嘴的安裝技巧、常用花嘴及花型對照表。

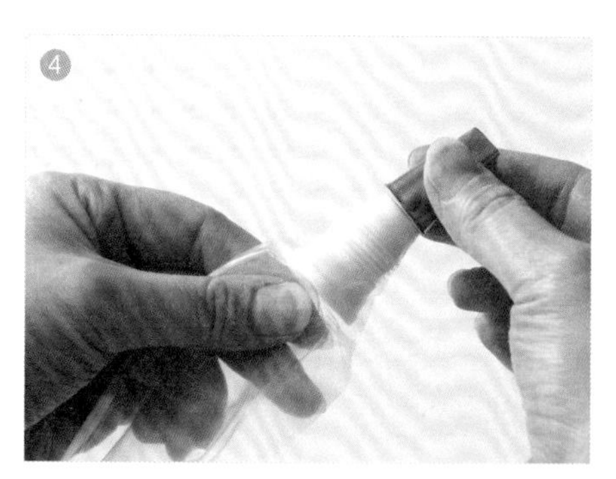

安裝裱花嘴

1 準備裱花袋、花嘴、花嘴轉接頭、花嘴轉接環。

2 先把轉接頭裝入裱花袋。

3 用剪刀剪出一個小洞。

4 裝入花嘴。

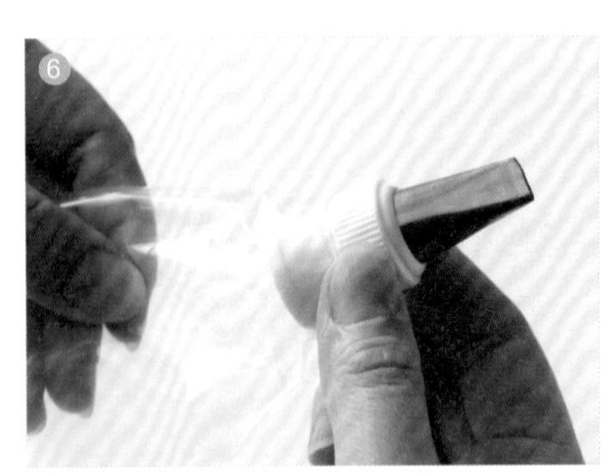

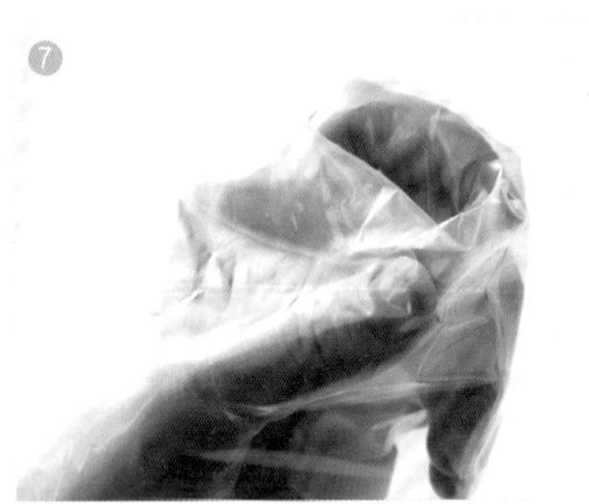

安裝裱花嘴

5 將轉接環套入花嘴。

6 將轉接環轉緊。

7 將裱花袋撐開於虎口上。

8 用橡皮刮刀裝入奶油霜後，用虎口壓住裱花袋，將刮刀抽出。

9 用刮板將奶油霜往前推，整理好，即可準備開始裱花。

正確的姿勢

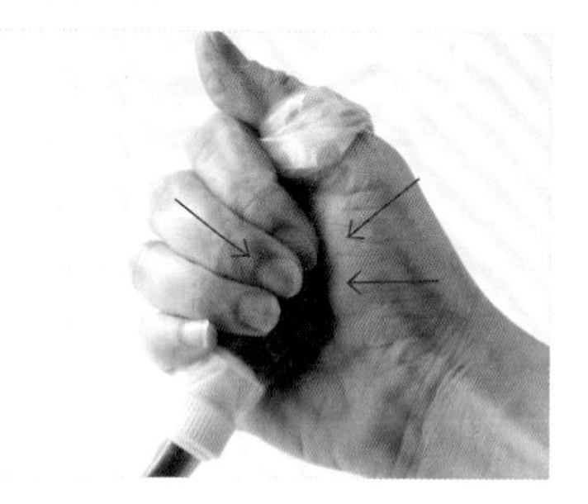

將奶油霜往前推，此時虎口用力夾緊，將多餘的裱花袋纏繞在大拇指上，其他手指再用力握緊裱花袋，力量不但集中，好施力，穩定度也較高。

錯誤姿勢

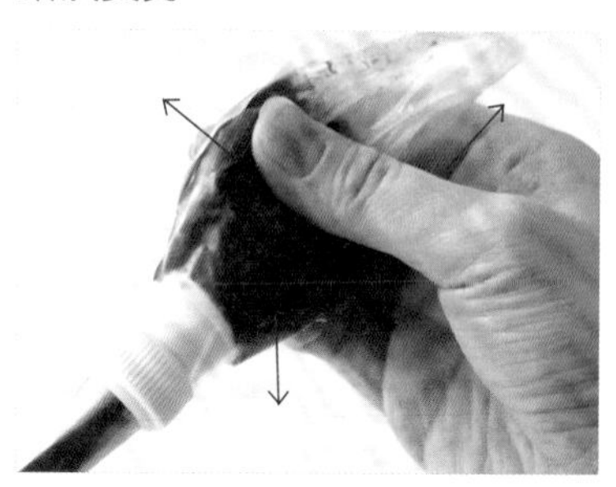

用大拇指按壓裱花袋，力量會分散，擠出來的花瓣容易裂斷。

學會花嘴的運用

フラワーケーキ

常用花嘴及花型對照表

裱花嘴	編號	花型名稱
	1	罌粟花、向日葵
	2	薰衣草、覆盆子、蘋果花
	7	棉花、仙人掌、緋牡丹、千佛手、新玉綴
	14	非洲菊、藍星花、藍盆花、槿花、洋甘菊、聖誕樹、緋牡丹
	81	洋甘菊、藍盆花、緋牡丹、藍星花、松蟲草花苞、菊花
	102	藍盆花、非洲菊、櫻花、三色堇、太麗花、銀蓮花、波斯菊、罌粟花、飛燕草、尤加利、瑪格麗特、水仙

裱花嘴	編號	花型名稱
	104	玫瑰、康乃馨、繡球花、蘋果花、松果、大葉子、石蓮花、雞蛋花、海芋、百合、槿花
	120	小蒼蘭、鬱金香、牡丹、陸蓮、芍藥、山茶花
	124K	陸蓮、梔子花、緞帶玫瑰花、康乃馨、奧斯汀玫瑰、戀玫瑰
	349	藤蔓、小葉子
	352	向日葵、聖誕紅、吹雪之松錦、葉子
	手工花嘴	大牡丹

正統韓國希拉姆蛋糕做法

フラワーケーキ

希拉姆蛋糕，帶有肉桂的香氣，內餡含有堅果、蔓越莓，以及紅蘿蔔，吃起來富有層次感，恰恰好的濕潤口感，吃起來不過甜，搭配奶油霜，解膩又美味。以下就讓我們一起學習如何製作吧！

材料：（15cm 圓蛋糕一個）

低筋麵粉 210 克
蔓越莓乾（切成細屑狀）25 克
紅蘿蔔（切成細屑狀）160 克
堅果（切成細屑狀）25 克
香草精 3 克
二砂糖 50 克
細砂糖 70 克
葡萄籽油 170 克
肉桂粉 2 克
泡打粉 4 克
小蘇打粉 3 克
鹽 2 克
雞蛋 3 顆

正統韓國希拉姆蛋糕做法

フラワーケーキ

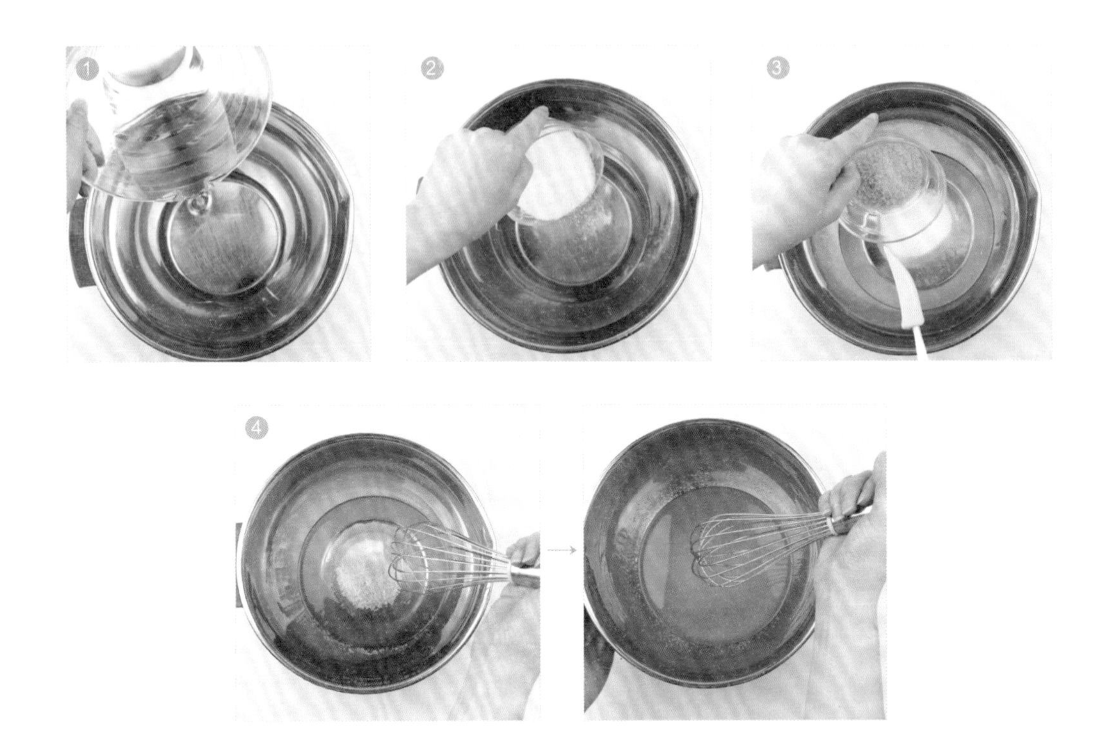

希拉姆蛋糕

1 倒入葡萄籽油。

2 倒入細砂糖。

3 倒入二砂糖。

4 用打蛋器攪拌均勻。

正統韓國希拉姆蛋糕做法

フラワーケーキ

希拉姆蛋糕

5 將雞蛋一顆一顆分次加入，攪拌均勻。

6 將紅蘿蔔、蔓越莓、堅果混和香草精後，依序加入攪拌均勻。

7 加入肉桂粉、泡打粉及小蘇打粉過篩。

8 加入低筋麵粉過篩。

9 攪拌均勻。

10 倒入塗有少許油的模具中。

11 放入預熱 175 度的烤箱中，烤約 60 ～ 70 分鐘，美味的希拉姆蛋糕即完成。

＊ 如何判斷蛋糕是否烤熟？

取一根牙籤，插入蛋糕中取出，若牙籤無沾黏，很容易取出，則表示蛋糕已經烤熟，反之則需放入烤箱再烤幾分鐘。

專欄｜蛋糕的抹面技巧

フラワーケーキ

抹面技巧

1 將準備好的蛋糕體放置於紙板上，再移至轉盤上。使用紙板的好處是便於將蛋糕從轉盤上取下。

2 將奶油霜取適當分量放到蛋糕上方處。

3 將奶油霜平均抹開到超過蛋糕約 1 公分處，此時只需均勻抹開，不需做平整處理。

4 將奶油霜以間隔的方式塗抹在蛋糕邊緣，並覆蓋在蛋糕體，方便稍後做平整塗抹。

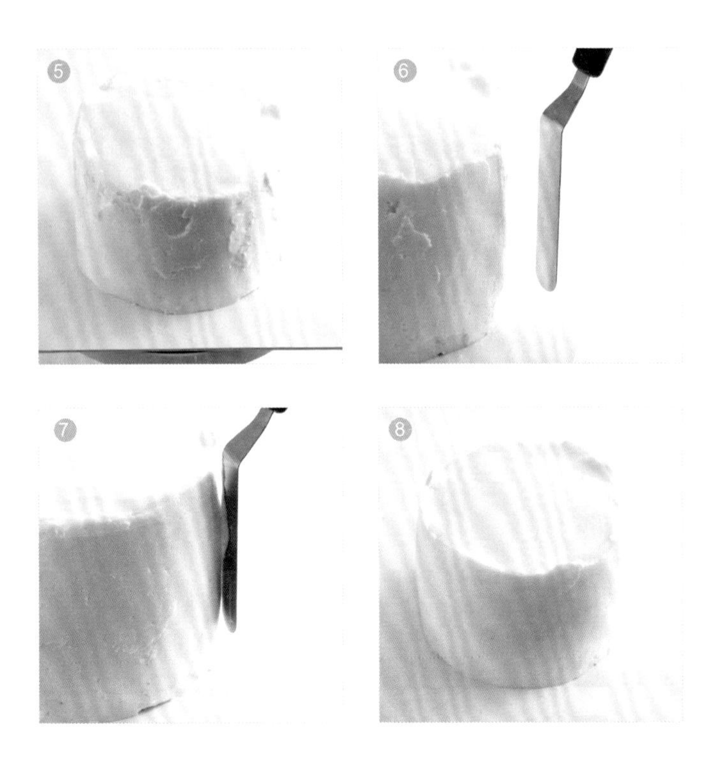

5 處理蛋糕壁的奶油霜，將其均勻塗抹，並完整覆蓋蛋糕體。

6 取抹刀，依圖示角度，將蛋糕轉盤做逆時針旋轉，平整奶油霜。

7 此時蛋糕壁上的奶油霜會高出蛋糕體，不用在意，繼續將蛋糕壁抹平。

8 蛋糕壁處理完的樣子。

專欄｜蛋糕的抹面技巧

フラワーケーキ

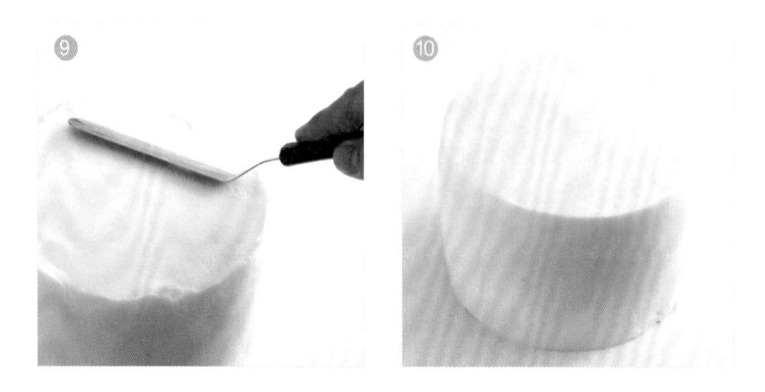

抹面技巧

9 平面抹平：
確認抹刀的清潔後，抹刀以傾斜角度，由蛋糕外側，壓住奶油霜，向蛋糕中心點劃進去，每劃一次，必須擦掉抹刀上的奶油霜，確保抹刀每次工作時都是乾淨的，如此抹面才能平整。

10 完成。

Chapter 2

杯子蛋糕

Flower Cake

FLOWER CAKE DESIGN

フラワーケーキ

一起來擠花吧！小巧的杯子蛋糕

留住花朵最美麗的一瞬間，正是裱花迷人的魅力所在，妝點在杯子蛋糕上，打造自然清新的擬真花感，傳遞烘焙的幸福溫度，為甜點帶來絢爛的花季！

YUMIKOs CAKE
BUTTERCREAM
CUP
CAKE

OWER CAKE
E COURSE
ークリームカップケーキコース
奶油霜花杯子蛋糕體驗課程
umiko's Cake
Flowercake Class

Apple Blossom
Chrysanthemum
THE CAKE TASTED SWEET

蘋果花
アップルの花

擁有「最美麗的水果花」之稱的蘋果花，清新雅致，花瓣呈現五瓣。在擠花時，記得留意兩手的協調，每一瓣的大小必須一致。

使用花嘴：花瓣104號 + 花心2號

花語
純樸、名聲

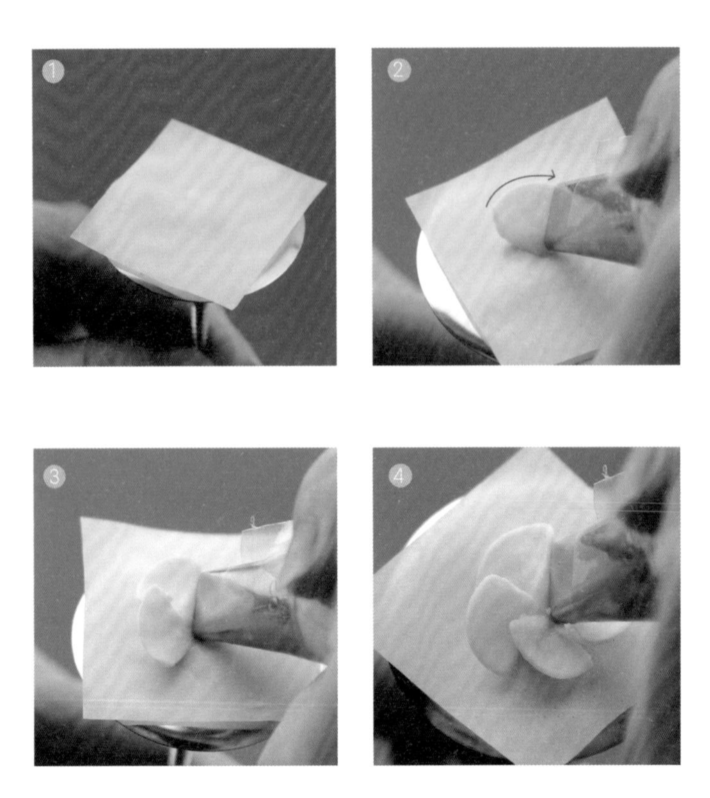

1 在花釘上擠一點奶油霜，並放上準備好的烘焙紙。

2 花嘴尖端朝外，圓端置中，花釘逆時針轉動。花瓣擠出約 1 公分時，花嘴成圓弧狀往內收。

3 第二瓣與第一瓣相同，但花嘴中心點須在第一瓣下方。

4 依相同方法，繼續擠出第四、五瓣。

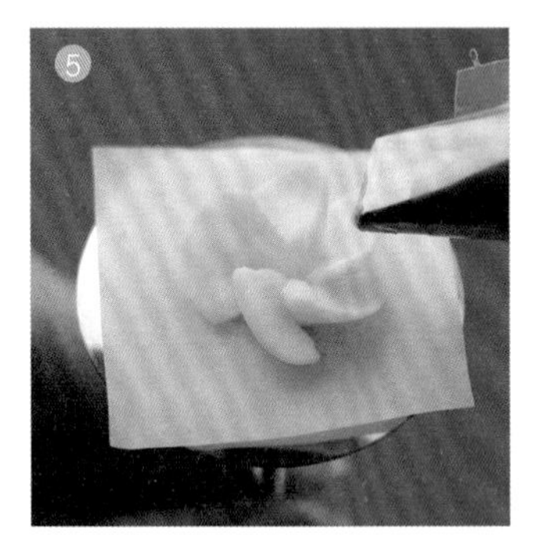

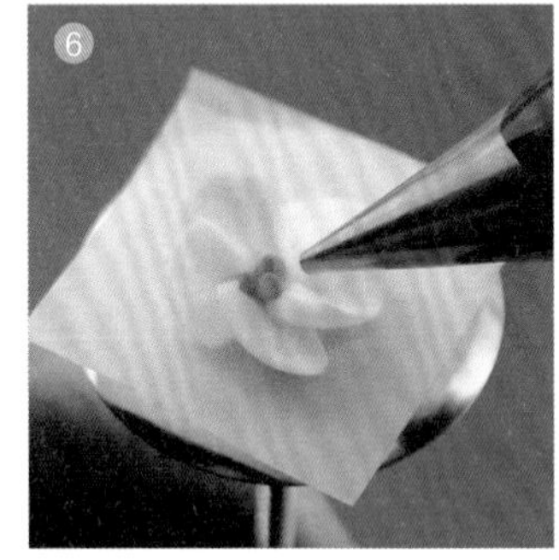

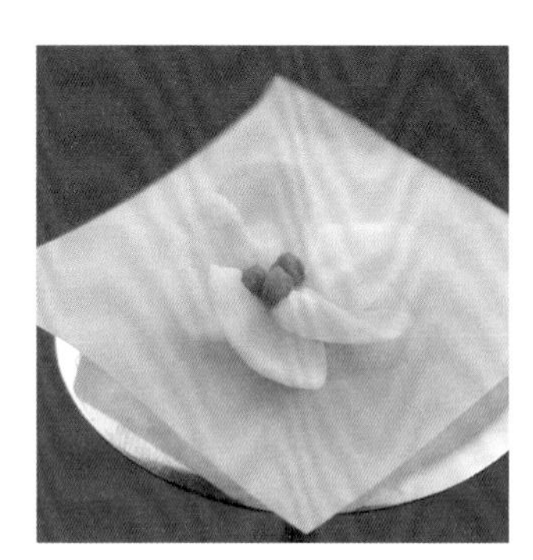

5 收手時，花嘴向下同時往上拉，此時花瓣就會平整服貼。

6 點上三點粉色花心，即完成。

Chrysanthemum

FLOWER CAKE DESIGN

菊花
きく

與梅、蘭、竹並列「花中四君子」的菊花，其淡淡的清香，宛如君子般的清雅。由於菊花的花瓣密實，擠花時要特別留意花瓣的高度與力道的控制，同時也要注意觀察整體花型的弧度曲線。

使用花嘴：81號

花語
清淨、高潔、我愛你、真情

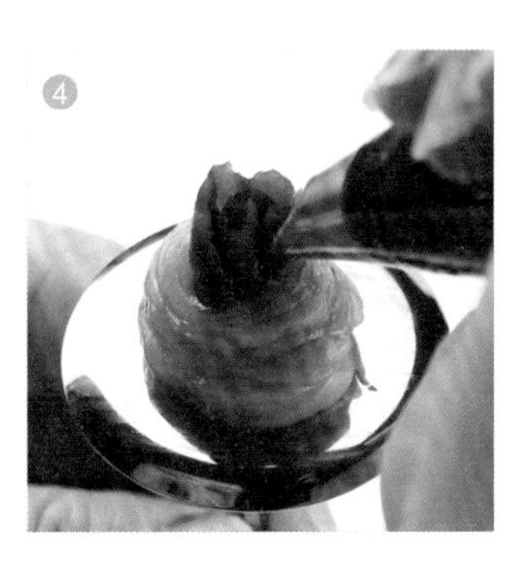

1 在花釘上擠出一團圓柱形基座，高度約 1 公分。

2 從基座的頂部開始，由下往上拉，擠出一個約 0.5 公分的花瓣，要注意力道的控制，太輕會擠不出來或斷掉，太重則會變成一坨。

3 頂部的花瓣從三瓣交錯開始，逐漸往旁邊擴散。

4 第二層擴散，請注意花瓣的高度與力道控制。

5 開始擴散後，隨著花瓣越多層，花瓣的長度也因基座的位置不同要逐步調整，同時也要注意表面的弧度曲線。

6 第 5 層時花瓣開始準備外擴，此時注意每個花瓣底部需黏合，避免倒塌。

7 第 8 層是關鍵時刻，花型開始製作圓形的頂點，此時請注意花瓣前後的黏著是否確實。

8 開始往下收斂。下方的花瓣此時開始承受來自上方奶油霜的重量，因此需確保奶油霜的硬度是否足夠支撐，如果奶油霜變軟，需冷藏數分鐘後再繼續。

9 繼續擠出最後兩層，即完成。

Freesia
Gerbera
STED SWEET

小蒼蘭
フリージア

小蒼蘭並非蘭花的一種，卻擁有和蘭花一樣的高雅氣質，其嬌小可人的花型，十分惹人憐愛。進行擠花時，掌握花瓣的大小及比例是關鍵。

使用花嘴：花瓣120號 + 花心1號

花語
純潔、濃情、幸福

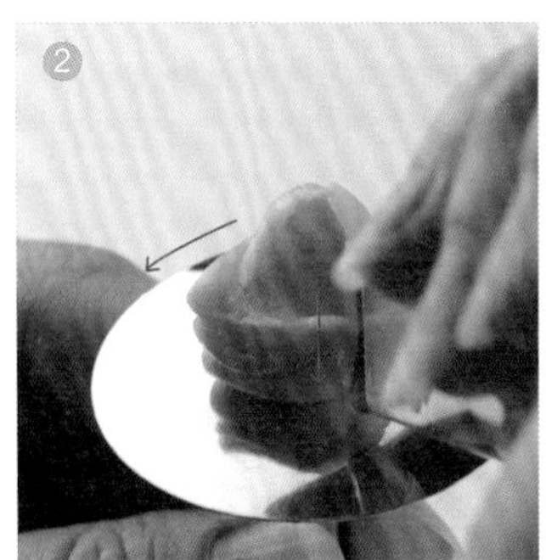
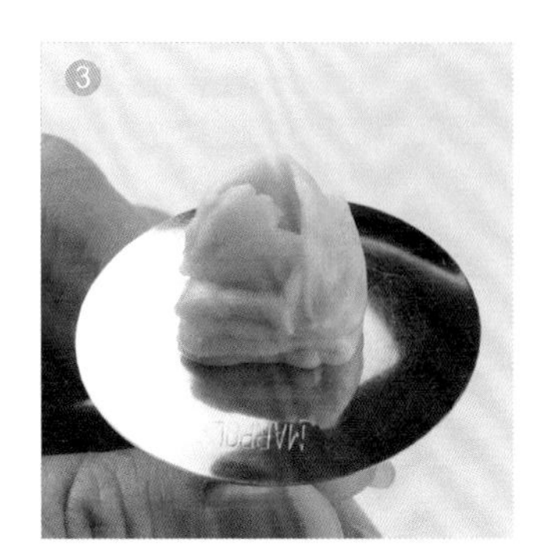

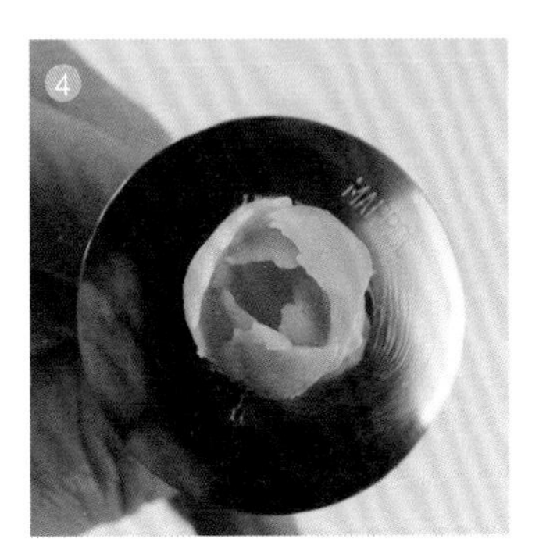
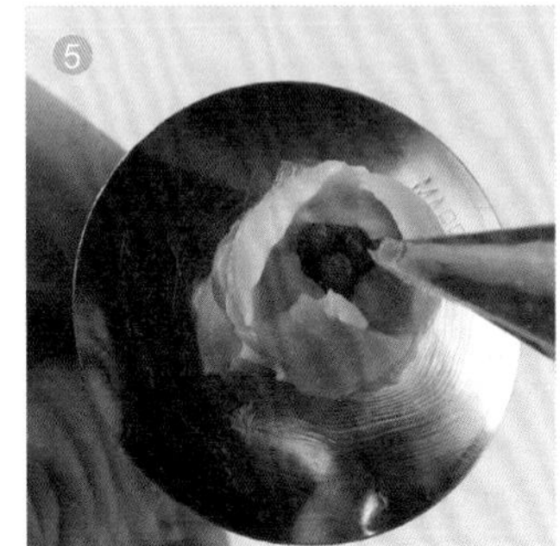

1 在花釘上擠出一長方形基座，高度約 1 公分。

2 將花嘴平壓在基座，花釘逆時針旋轉，右手以畫圓的方式，畫一小圈後壓到基座。

3 重複這個動作，內圈 3 瓣，第二層也 3 瓣，較大於第一層。

4 第三層也 3 瓣，大於第二層。

5 花心由底層往上拉，做出三條花心即可。

非洲菊

ガーベラ

非洲菊，花大色美，嬌姿悅目，深受不少愛花人的青睞。擠花時，要有耐心製作出一瓣瓣的花瓣，同時留意花瓣堆疊的位置，才能做出完美的非洲菊。

使用花嘴：花瓣102號 + 花心14號

花語

互敬互愛，有毅力、不畏艱難

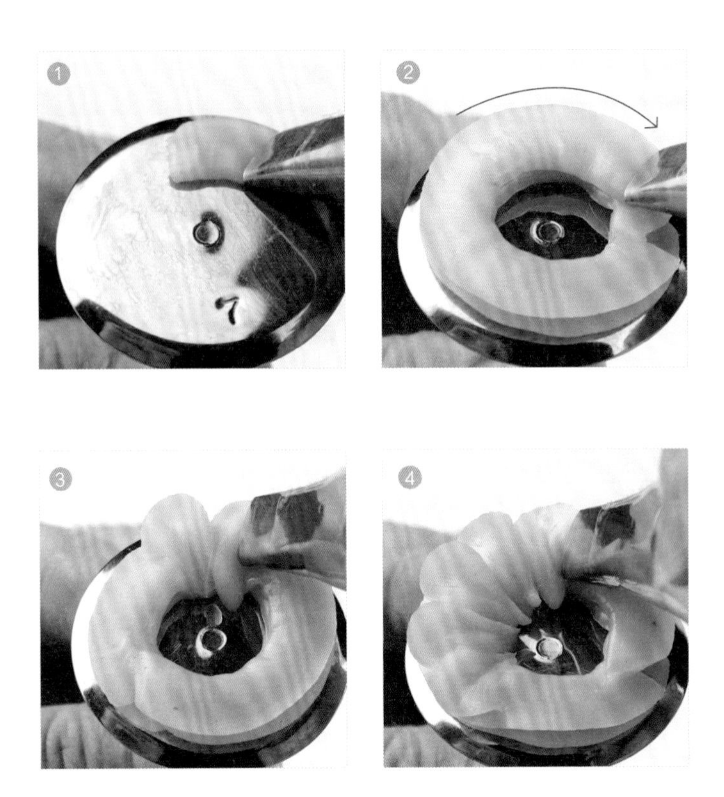

1 2
3 4

1 在花釘周圍擠上一圈奶油霜。

2 做兩層花圈。

3 底層花瓣製作，由內向外後急回，花瓣製作需要一瓣一瓣製作，花瓣突出奶油圈約 0.5 公分。

4 依序製作花瓣，環繞一圈。

5 6
7 8

5 第一圈完成。

6 第二層花瓣，內縮 0.2 公分，從第一層兩朵花瓣的中間開始，做出交疊的層次感。

7 依序製作一圈。

8 第二層完成。

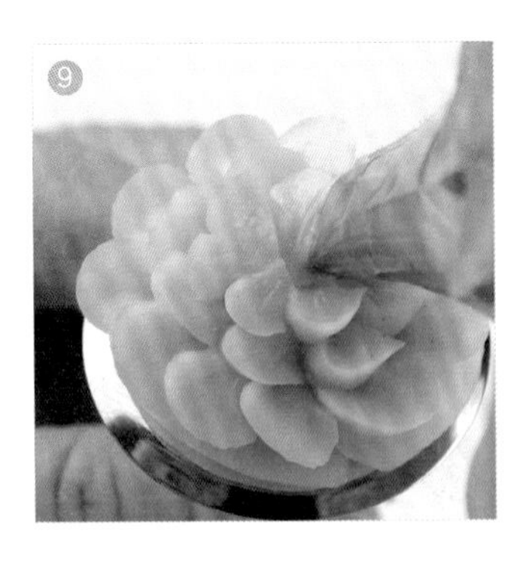

9 10 11 12

9 重複第二圈作法，製作第三圈，依序繞一圈。

10 使用深色奶油霜，在花心位置點上一圈。花心製作以圓狀為主，再慢慢地往上推疊呈半圓椎形即完可。

11 取花嘴 14 號，準備製作星星狀的花心。

12 使用淺色奶油霜，在深色花心的外圍點上一圈，由底部向上拉起，即完成。

Margaret & Tulip
THE CAKE TASTED SWEET

瑪格麗特
マーガレット

清新脫俗的瑪格麗特，有著少女般的嬌羞，因此又稱為少女花。擠花時，掌握花嘴的移動方向，先向上，再向下拉出花瓣，熟練之後，就會越來越上手的。

使用花嘴：花瓣102號

花語
期待的愛、喜悅、滿意

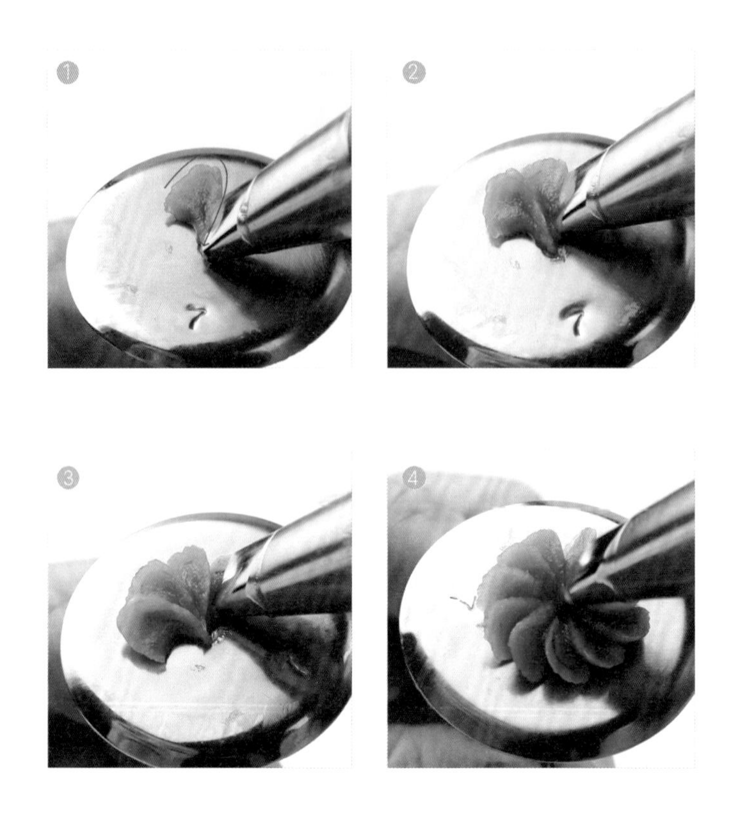

1 2
3 4

1 使用 102 號花嘴，尖部向外。花嘴移動方向，從中間往上拉約 0.5 公分後，向下拉 1 公分。

2 第二瓣開始，從第一瓣的邊緣向上拉，注意花瓣的大小，左手花釘必須緩慢逆時針轉動。

3 依此類推，擠出之後所有的花瓣。

4 最後一瓣結束時，花嘴完全提起，看到第一個花瓣的 1/3，手放鬆，花嘴往中心點輕輕壓一下。

● ● 5 6

5 完成花瓣主體。

6 用橘色奶油霜點出花心。花心製作以圓形為主，慢慢往上堆疊呈半圓錐形，即完成。

鬱金香
チューリップ

鬱金香，花色艷麗，其最大的特色在於花瓣呈現酒杯狀，擠花時花瓣要內包，才能表現出鬱金香含苞待放的姿態。

使用花嘴：120號

花語
體貼、高雅、博愛

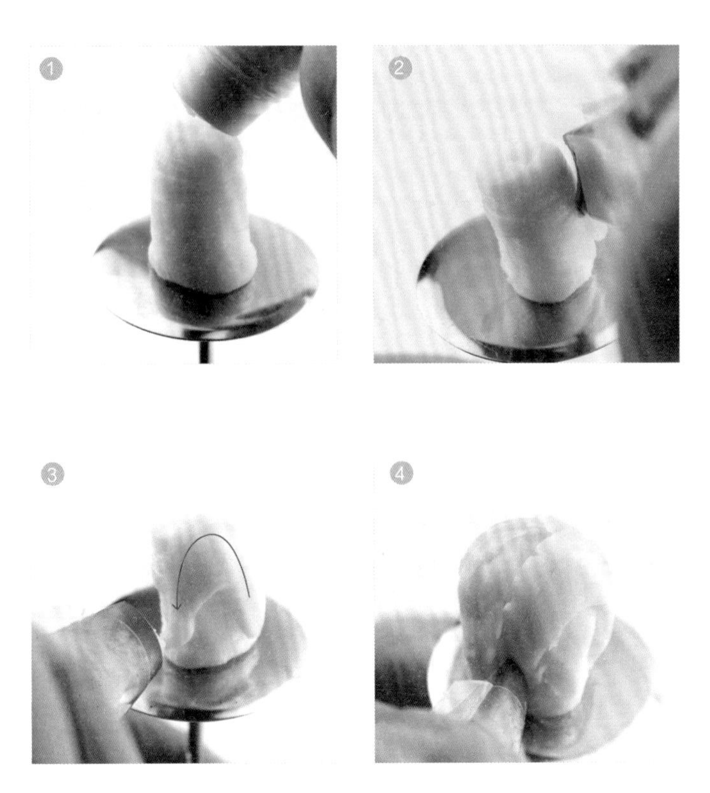

1 2
3 4

1 使用花嘴轉接環，擠出一圓柱體，當作基座，高度約 1 公分。

2 花嘴貼著基座，邊轉邊擠。

3 先往上拉，再往下，做出第一瓣花瓣。

4 依相同方法，層層堆疊出花瓣，完成第一圈。

5

5 再包覆第二圈，整體看起來更有層次感，即完成。

Scabiosa & Pansy
THE CAKE TASTED SWE

藍盆花
スカビオサ

藍盆花和向日葵的花形相似，宛如一個倒扣的盆，因而得名。擠花時要先擠出形狀像三葉草的花瓣，並耐心地製作，以便掌握出層層堆疊的美感。

花瓣102號 + 花心14號

花語
不能實現的愛情

1 先擠一圈奶油霜在花釘上。

2 再補第二層上去，營造立體感。

3 花嘴以 45 度角提起，先往上再往下，擠出花瓣。

4 完成小－大－小，形狀像三葉草的花瓣。

5
6

5 依相同方法，擠出其他花瓣。最後一瓣結束時，花嘴完全提起，看到第一個花瓣的 1/3，手放鬆，花嘴往中心點輕輕壓一下。

6 花嘴角度改成 60 度，完成第二圈。

7 完成第三圈。

8 在中心點上綠色花心。

9 最後使用 14 號花嘴擠出白色花心，即完成。

三色堇
パンジー

三色堇是歐洲常見的野花，也常栽培於公園中。用奶油霜製作時，顏色的配置相當重要，需要呈現和諧的一致性。

使用花嘴：102號

花語
思慕、想念我、愛的告白

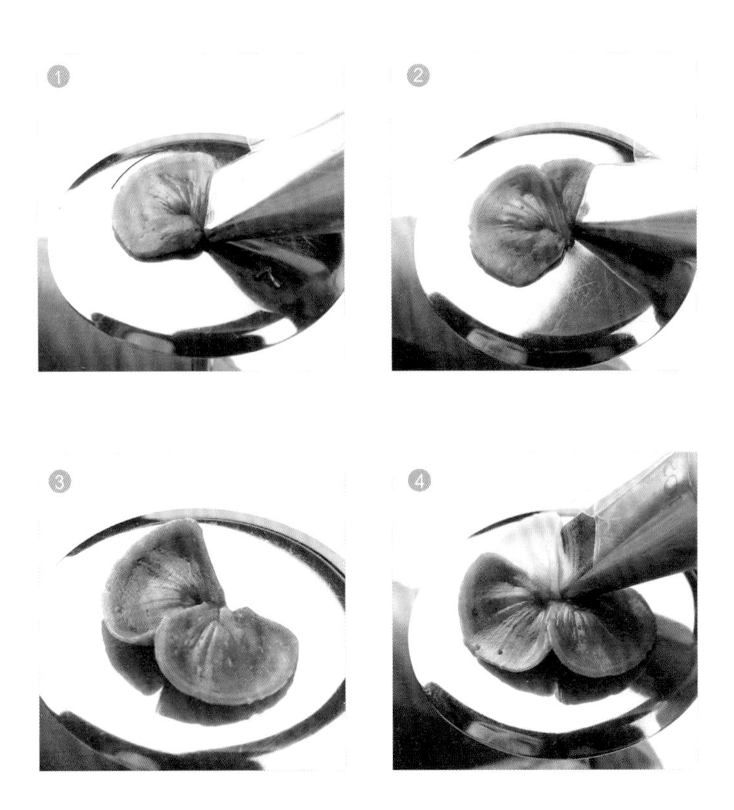

1 先做一個 1/4 圓。

2 接著做另一個 1/4 圓，注意花瓣之間要稍稍重疊，以便營造立體感。

3 兩朵花瓣呈現蝴蝶的翅膀狀。

4 選擇另一個顏色，依相同方法，製作另一個 1/4 圓。

5 6
7 8

5 再繼續另一個 1/4 圓，完成第一層花瓣。

6 接著使用同色，疊在原來紫色的花瓣上製作另一個 1/4 圓。

7 製作另一個 1/4 圓，完成第二層花瓣。

8 重疊的花瓣，能讓花朵看起來更立體。

9 10
11

9 使用紫色奶油霜由內往外拉線，做出花心。

10 花心需要呈現不規則的放射狀。

11 最後在中心點上一個小圓球，即完成。

Sunflower
Cherry Blossom

THE CAKE TASTED SWEET

向日葵
ヒマワリ

向日葵呈現耀眼的金黃色，光看就讓人活力充沛，其特色在於花瓣形狀較長且尖，進行奶油霜製作時要特別留意呦！

使用花嘴：352 號

花語
愛慕、光輝、忠誠

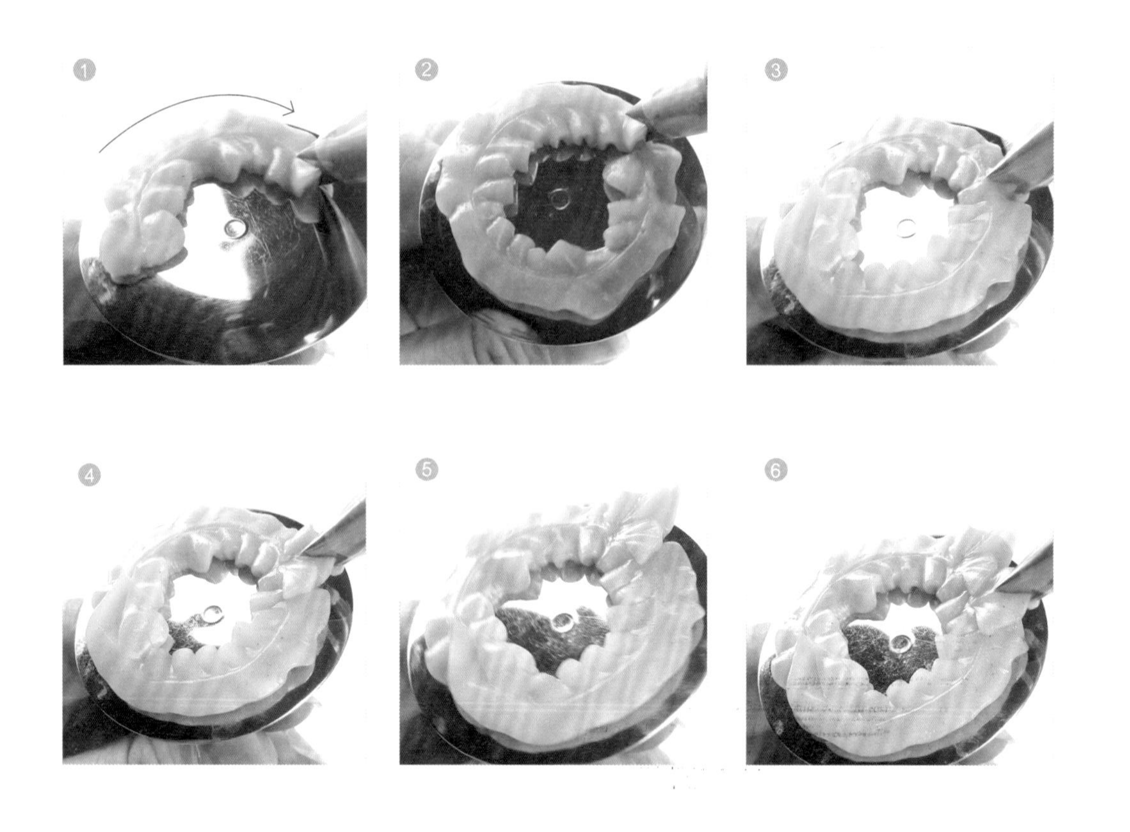

1 在花釘周圍擠上一圈奶油霜。

Tip 選擇葉子專用花嘴，圓圈的製作產生皺摺，在花瓣製作時較有立體感。

2 圍成一圈。

3 花瓣製作，花嘴在花圈的中心點為起始點。

4 向外圈拉出。

5 約超過外圈 0.5 公分。

6 重複上述動作。

7	8	9
10	11	12

7 注意製作時保持圓形圍邊。

8 第一層完成。

9 第二層花瓣內縮 0.2 公分，從第一層兩朵花瓣中間開始，做出交疊的層次感。

10 拉出花瓣需小於外圈 0.2 公分。

11 依序環繞一圈。

12 完成第二圈。

13 14
15 16

13 花心部分使用綠色奶油霜，製作成半球形。

14 點上小綠球狀。

15 在花心的外圍點上深紫色花心。

16 範圍要大，保持一個圓形，即完成。

櫻花
さくら

柔美的櫻花，花色多為白色、粉紅色，常用於觀賞。擠花時，要小心力道與轉速的控制，以及奶油霜的硬度。

使用花嘴：102號

花語
純潔、高尚、熱烈

櫻花 さくら

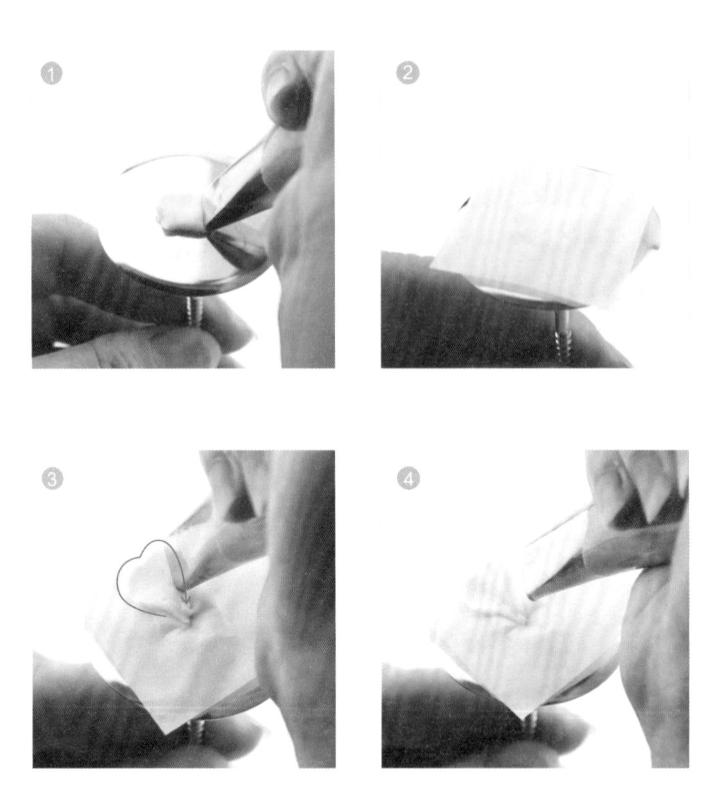

1	2
3	4

1 在花釘上擠一點奶油霜。

2 放上準備好的烘焙紙。

3 花嘴尖端朝上，圓端朝下， 逆時針旋轉花釘，向外擠到 1.5 公分處稍停頓後向下。

4 花嘴向下時，同時向上拉起，完成第一瓣花瓣。

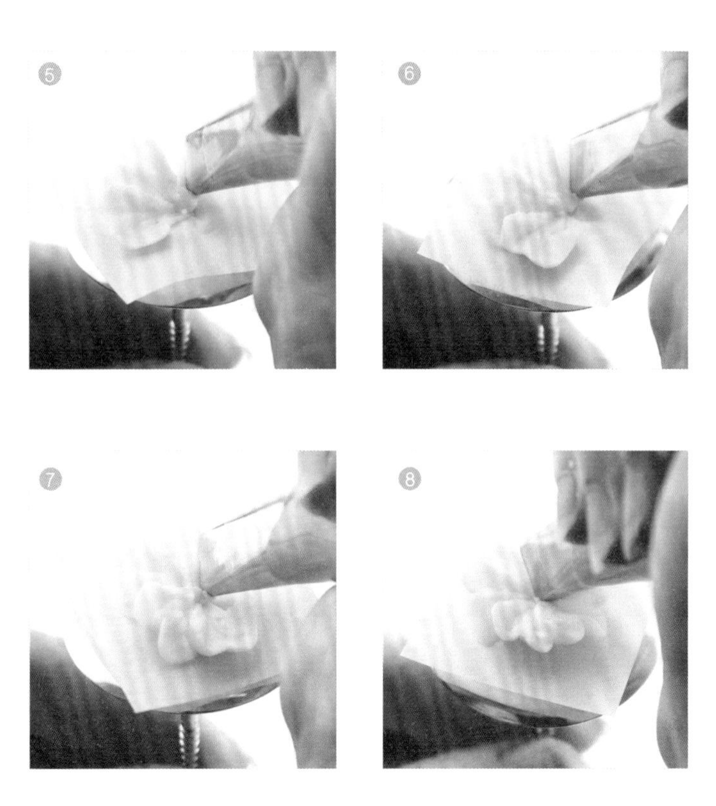

5 6
7 8

5 依此類推，注意花瓣的開始必須維持在中心點，花瓣的大小盡量保持一致。

Tip 花釘旋轉的速度，也要配合擠花的力道。

6 越接近完成，越要小心力道與轉速的控制，注意奶油霜的硬度是否為最佳狀態。

7 每一瓣花嘴都要往下，再向上拉起，留意是否殘留或沾黏奶油霜。

8 第一層完成後，開始第二層。

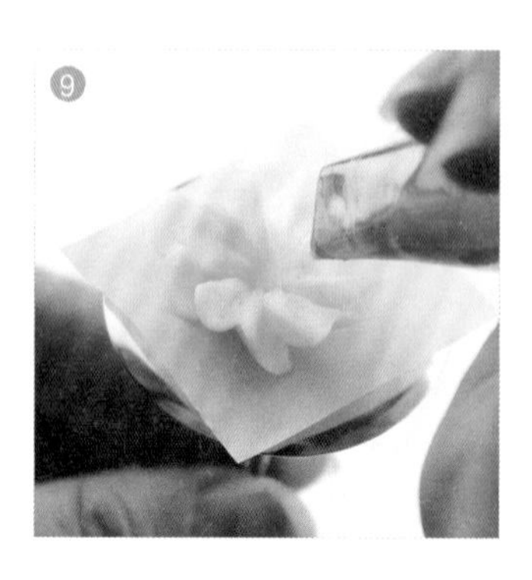

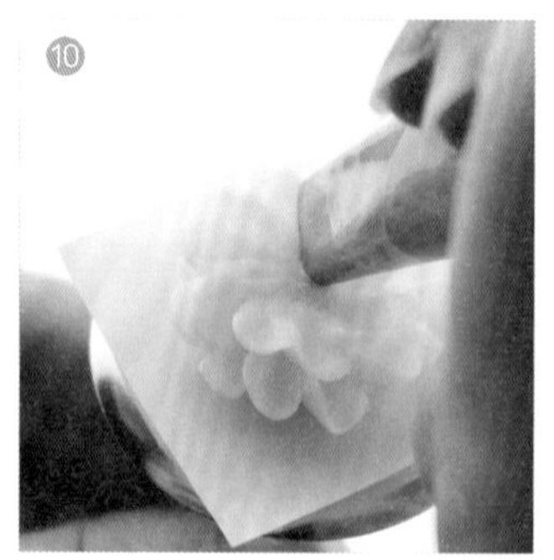

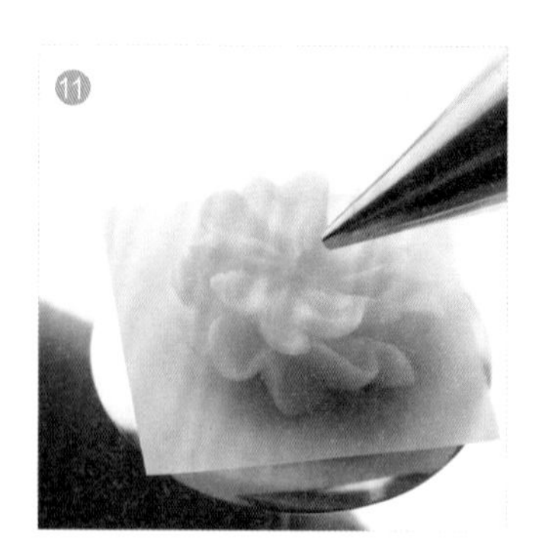

9 10 11
12

9 方法與第一層相同，但是花瓣要控制比第一層花瓣小 1/3。

10 由於更小，所以收尾時要更小心。

11 完成花瓣主體後，準備黃色的奶油霜。

12 點上半圓形花心，即完成。

花蛋糕

Flower Cake

FLOWER CAKE DESIGN

フラワーケーキ

設計心目中理想的花蛋糕

熟練裱花技巧後，試著運用到蛋糕上吧！
本單元教你認識半月型、花環型、捧花型的組合，
透過步驟圖與詳細的文字說明，
就算是初學者也能完成專屬自己的裱花蛋糕！

Chapter 3

Half - Moon Cake

フラワーケーキ

Flower Cake Design

半月型蛋糕

THE CAKE TASTED SWEET

雞蛋花
フランギパニ

玫瑰
ローズ

藤蔓
ブドウフランギパニ

組合花朵時，可先從中間開始擺放，再往左右兩邊延伸，花朵排列須呈現出流暢的U型，花與花之間若留有空隙，不妨擠上葉子或小花做裝飾，營造出錯落有致之感。此款蛋糕僅僅運用了玫瑰、雞蛋花兩種花型，卻不顯單調，反而更有將視覺集中的效果。

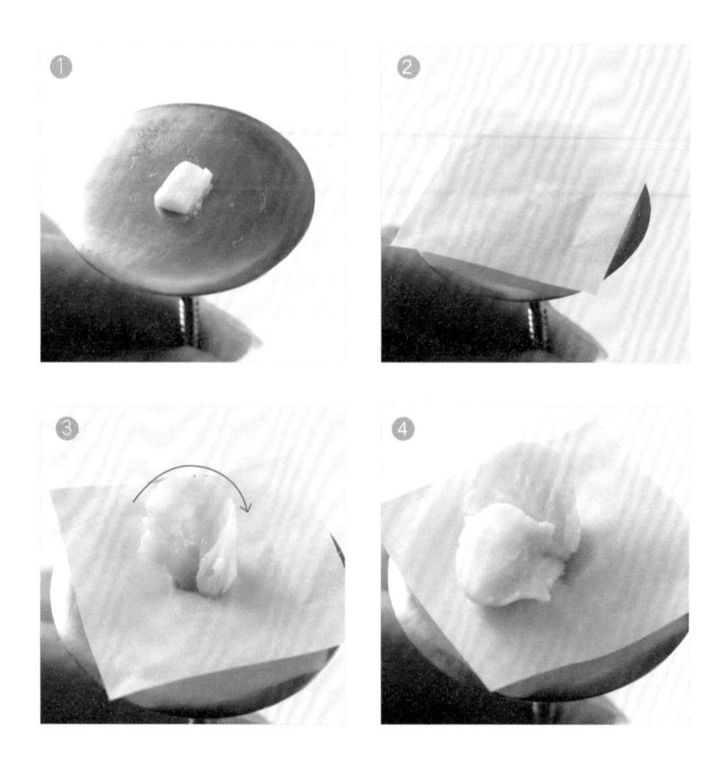

1	2
3	4

雞蛋花 フランギパニ

使用花嘴：104 號

1 在花釘上擠一點奶油霜。

2 放上烘培紙。

3 花釘以逆時鐘方向旋轉，花嘴以 45 度角擠出一個花瓣。

4 從第一個花瓣下方的 1/3 開始擠出第二個花瓣。

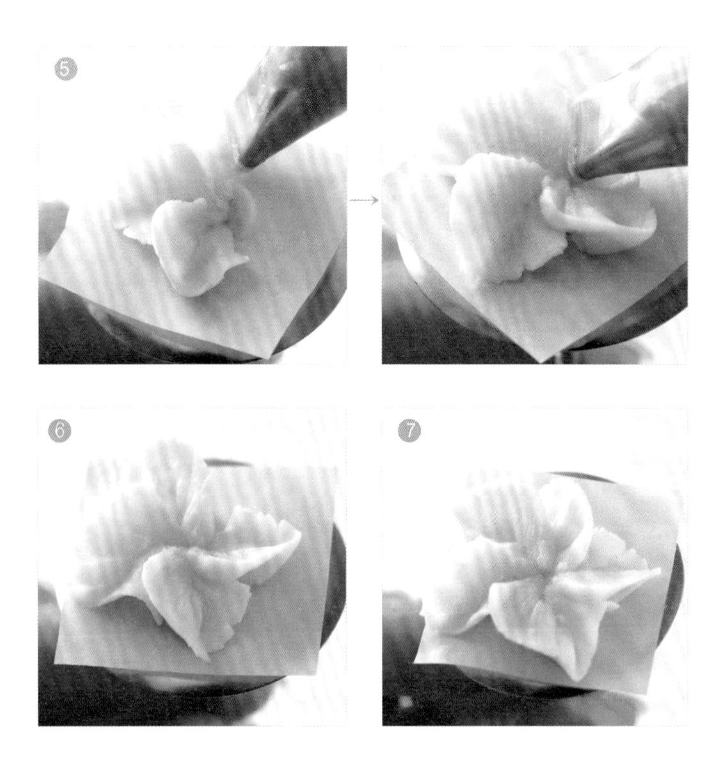

5
6 7

5 依相同方法，完成第三個花瓣。

6 完成第四個花瓣。

7 完成第五個花瓣，即可。

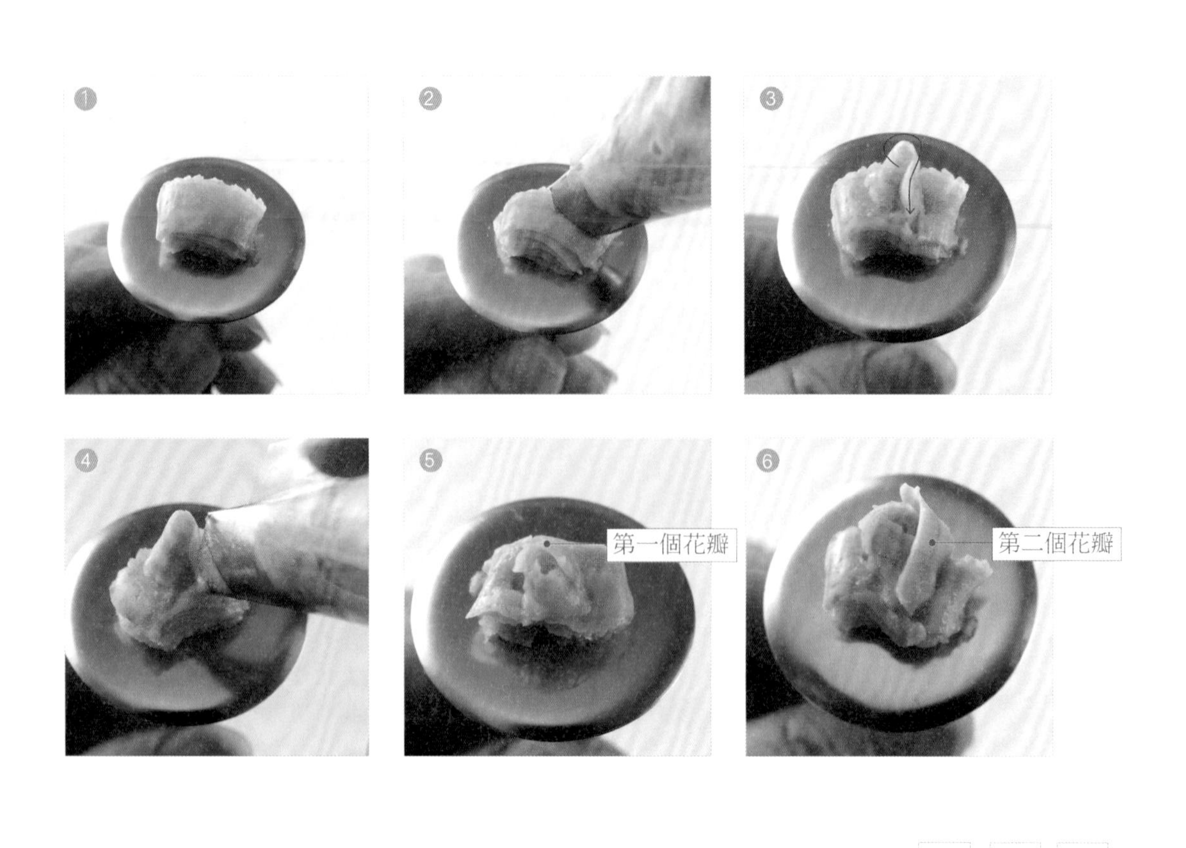

1 2 3
4 5 6

玫瑰 ローズ

使用花嘴：104 號

1 在花釘上擠出一長方形基座，高度約 1 公分。

2 將花嘴以直立的方式插入奶油霜中，直到底部。

3 花釘以逆時鐘方向旋轉，邊轉邊擠花，轉出一個花苞。

4 花嘴從三點鐘方向緊貼著花苞，往上拉擠出第一個花瓣。

5 完成第一個花瓣。

6 依相同方法，完成第二個花瓣。

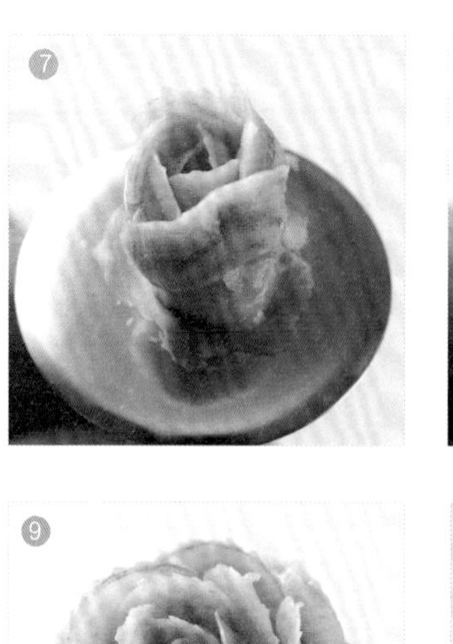

7 8
9

7 依相同方法，完成第三個花瓣，做出第二層，再擠出五個花瓣，完成第三層時，請用刮刀將奶油霜整理乾淨。

8 再擠出七個花瓣，完成第四層。

9 再擠出九個花瓣，完成第五層，即可。

即使是使用相同的花嘴，奶油霜的軟硬也會影響花瓣的形狀。當奶油霜較硬時，擠出來的花瓣會呈現鋸齒狀。反之，奶油霜較軟時，花瓣會呈現平滑感，可視情況選擇不同的表現方式。

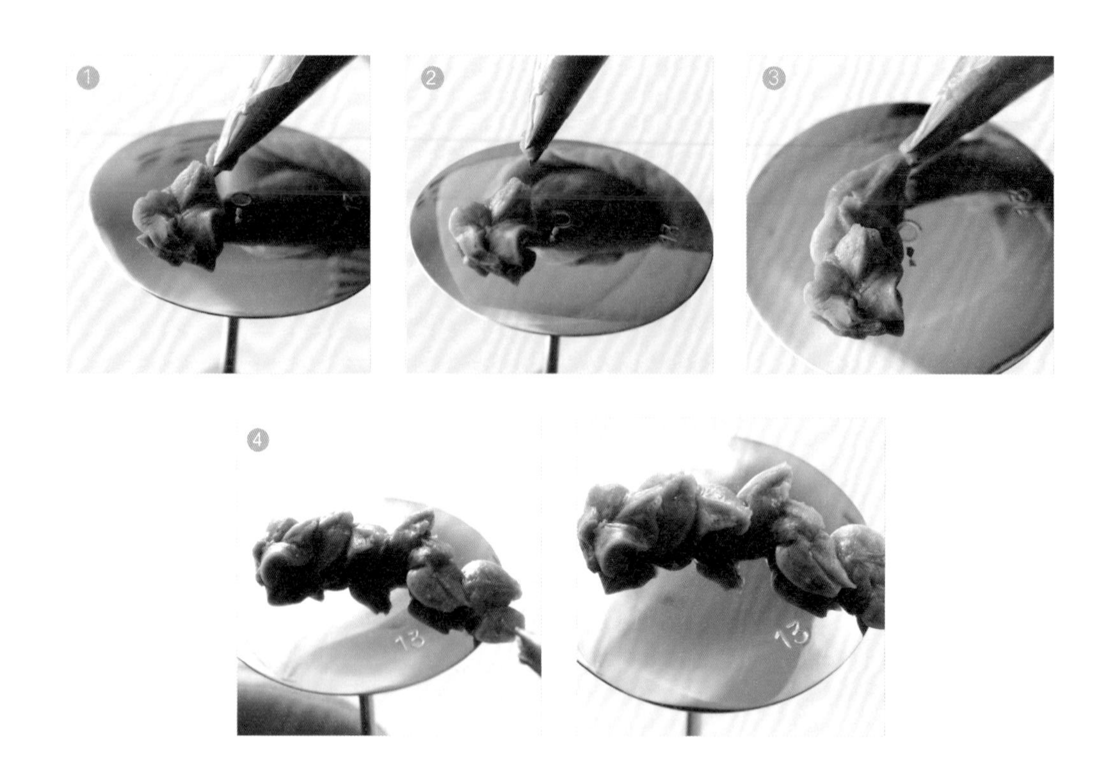

1 2 3
4

藤蔓 ブドウ フランギパニ

使用花嘴：349 號

1 花嘴以 45 度的角度，邊擠邊往上拉。

2 手放鬆，將花嘴提起來，離開，完成第一個葉子。

3 從第一個葉子下方的 1/3 處，開始擠出第二、三個葉子。

4 可依照藤蔓想長的方向去做延伸，完成所需的長度，即可。

Chapter 3
Half - Moon Cake

フラワーケーキ
Flower Cake Design

半月型蛋糕
蛋糕組合
THE CAKE TASTED SWEET

蛋糕
直徑 15 公分、高度 7 公分

- 玫瑰花 - 使用花嘴：104 號
- 雞蛋花 - 使用花嘴：104 號
- 葉子 - 使用花嘴：352 號
- 藤　蔓 - 使用花嘴：349 號

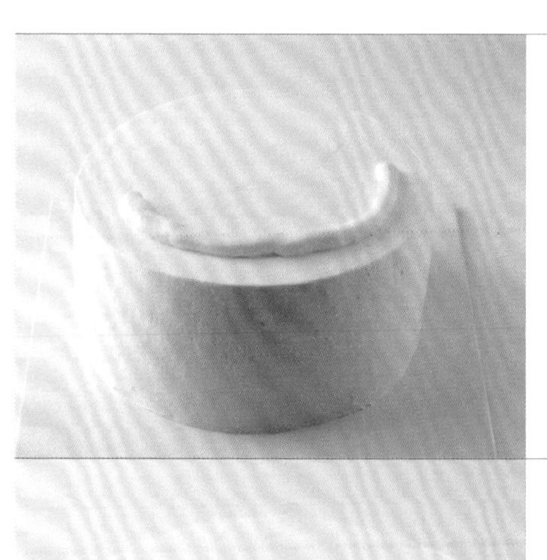

1 在蛋糕體上擠出一圓弧形奶油霜。

2 把擠好的玫瑰花用花剪移到中間的位置，擺放時玫瑰花須呈現 45 度。

3 往左放上玫瑰花。

4 往右放上兩朵玫瑰花。顏色以相近的色調去做組合，若喜歡漸層色調，由淺至深，依序往兩邊排列延伸。

5 再往左右兩邊放上玫瑰花，擺放時注意花朵之間不要留有空隙，呈現很流暢的U形，是半月形蛋糕的重點。

6 再往內側擺上玫瑰花，擺放的位置須放在外側兩朵花背面之間，內側玫瑰花與外側玫瑰花高度最好等高。

7 在內側與外側之間的空隙處填上奶油霜。

8 在左邊放上玫瑰花苞。

9 將雞蛋花放上外側兩朵玫瑰花之間，依序放好三朵。

10 在外側玫瑰花之間，用 352 花嘴依序擠上葉子。
※ 葉子做法，請見 P220

11 在外側與內側的玫瑰花中間，如果有空隙，可以擠上比較小的葉子。可以在花朵最末端加上藤蔓做延伸裝飾，完成組合。

Chapter3

Garland Cake

フラワーケーキ

Flower Cake Design

花環型蛋糕

THE CAKE TASTED SWEET

Garland Cake

FLOWER CAKE DESIGN

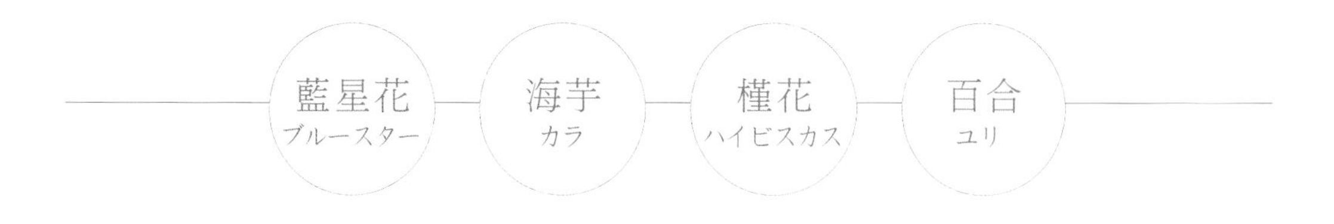

組合花朵時，先圍外圈，再圍內圈。內圈的花要緊貼外圈，同時注意花朵排列須呈現圓弧形，做出圓滿、和諧之感。此款蛋糕巧妙地運用顏色深淺、大小花朵的配置，帶出優雅恬靜的氛圍。

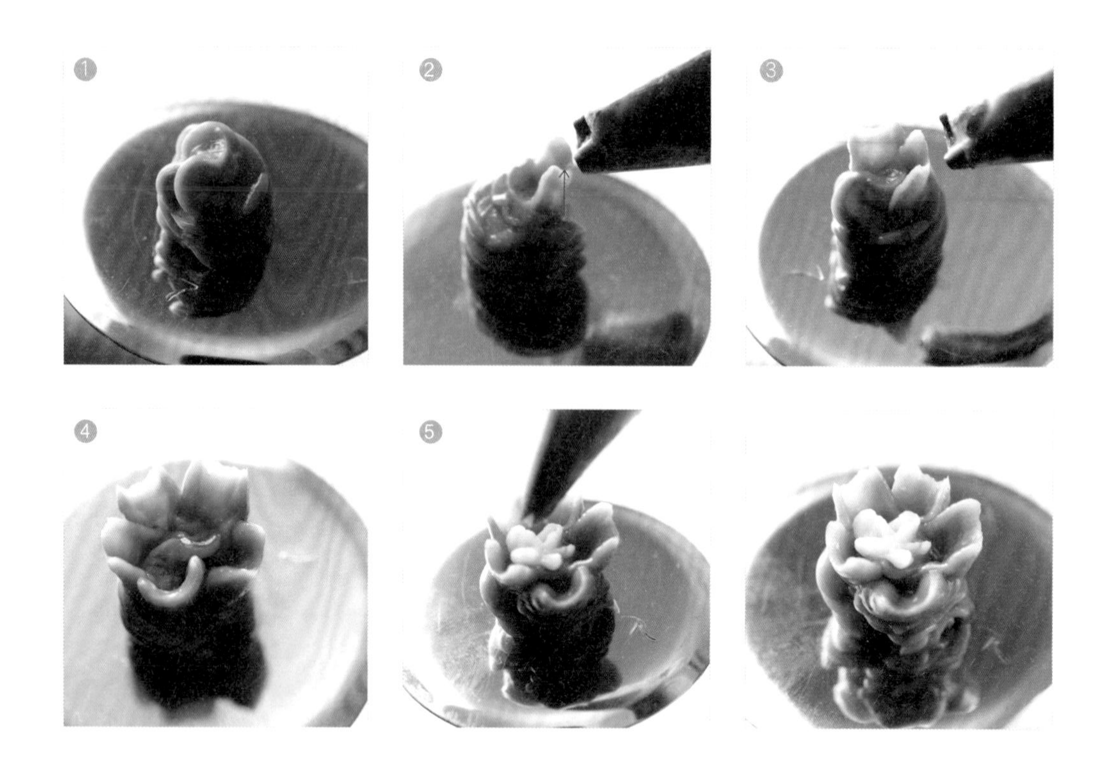

1	2	3
4	5	

藍星花 ブルースターフ

使用花嘴：花瓣 81 號 + 花心 14 號

1 在花釘上擠出一點奶油霜，大小、高度各約 0.5 公分，當作基座。

2 將花嘴輕輕地插入基座，以 45 度角往上輕輕拉出，手放鬆，將花嘴提起來，離開，完成第一個花瓣。

3 逆時鐘旋轉花釘，緊貼著第一瓣，擠出第二個花瓣。

4 依相同方法，完成五個花瓣。

5 用 14 號花嘴擠出白色花心，即完成。

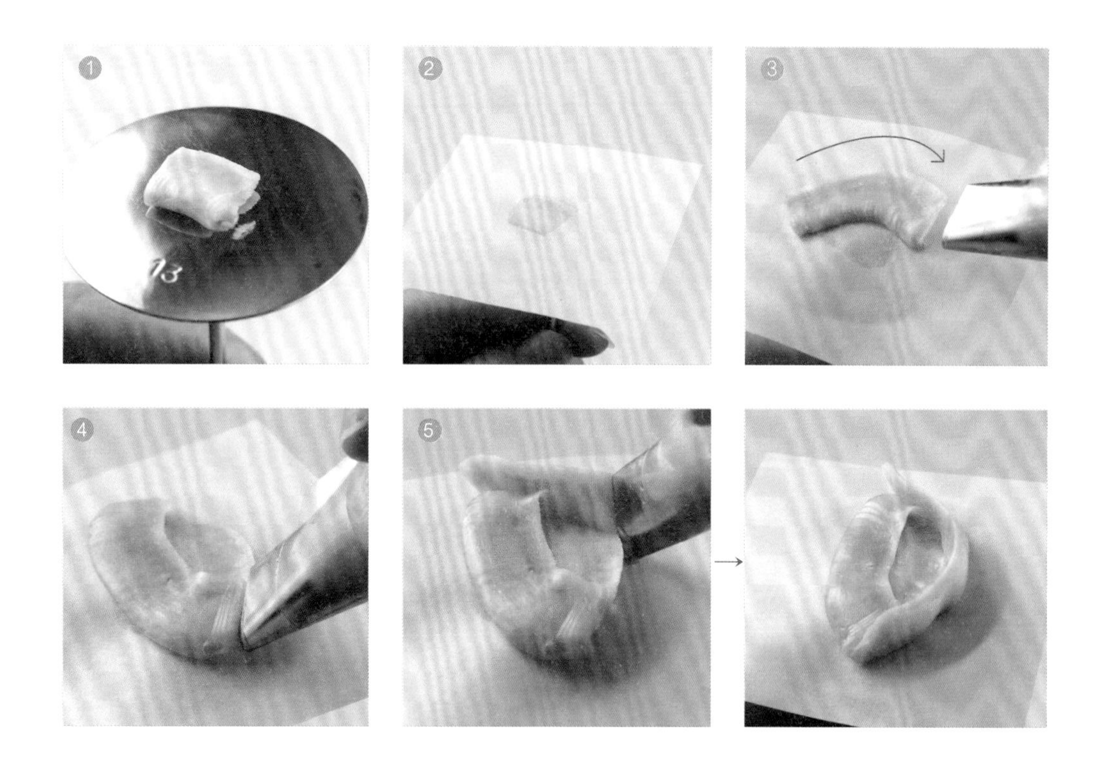

1 2 3
4 5

海芋 カラ

使用花嘴：104 號

1 在花釘上擠出一點奶油霜。

2 放上烘焙紙。

3 先擠出海芋一半的形狀，略帶弧形。

4 再把另外一半底座擠上去。

5 將花嘴直立成 90 度，順著基座擠出立體的花瓣。

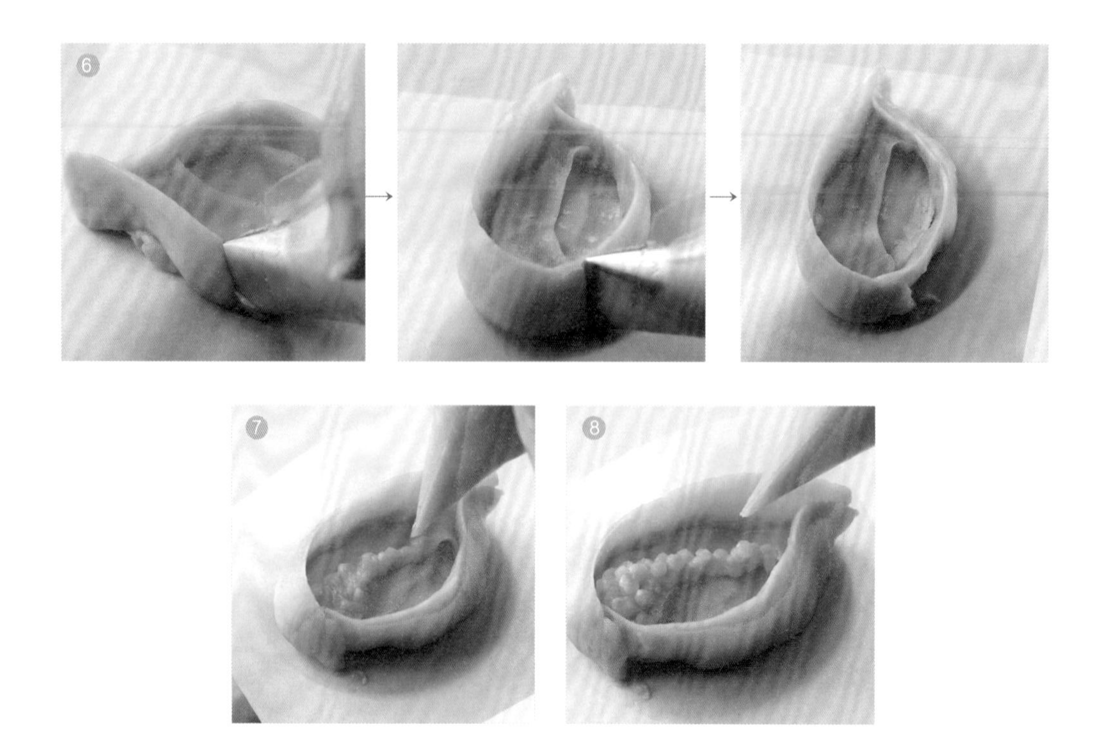

6
7 8

海芋 カラ

使用花嘴：104 號

6 依相同方法，完成第二個立體花瓣。

7 沿著基座的交界處擠出花心的雛形。

8 點出花心，即完成。

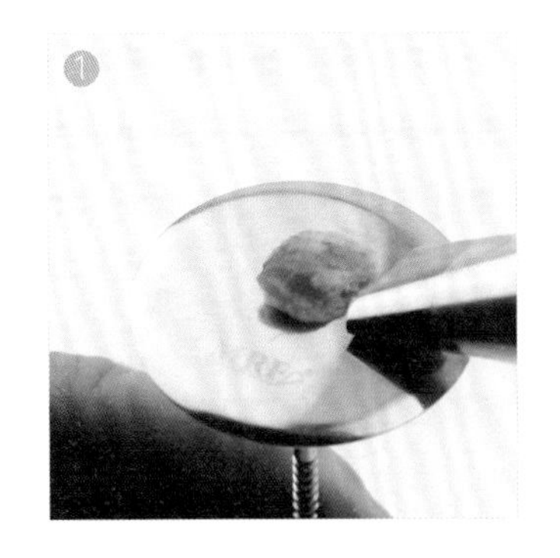

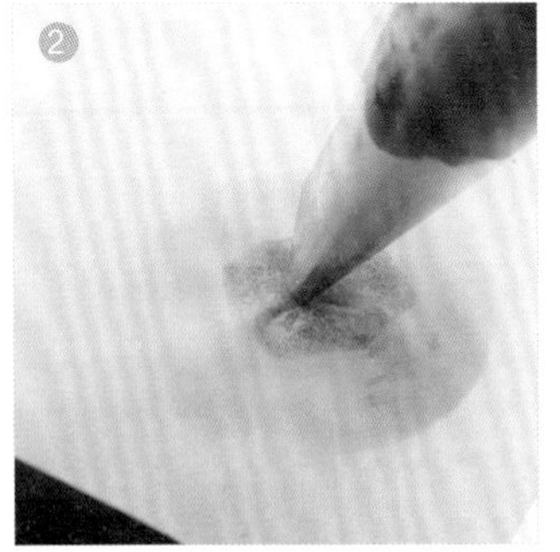

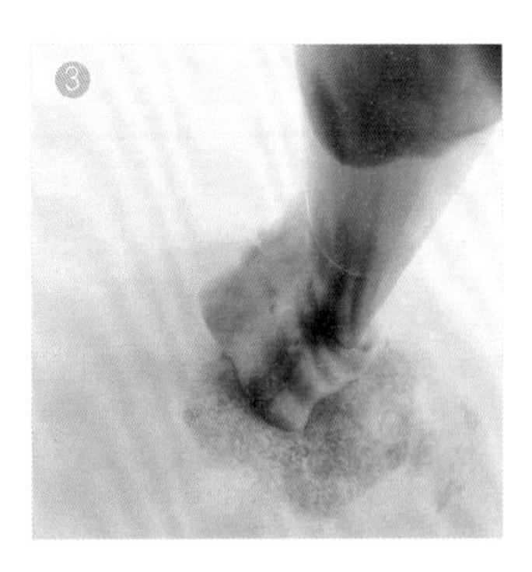

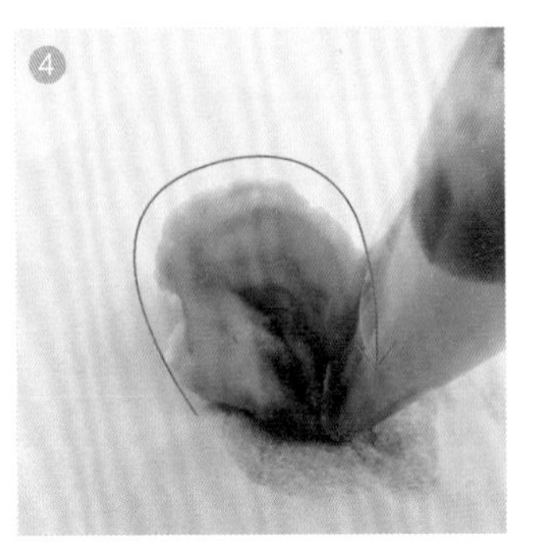

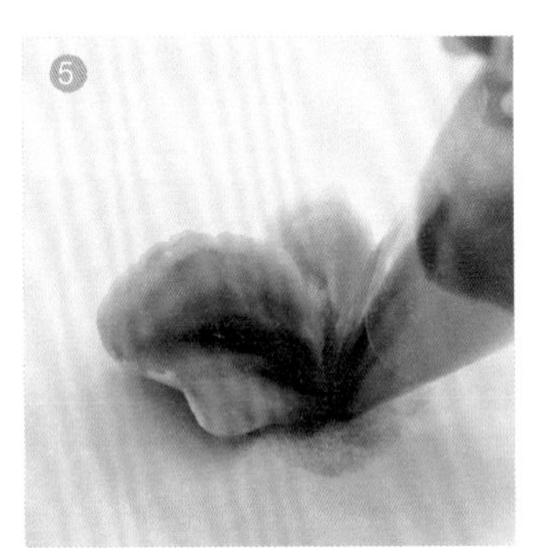

1 2 3
4 5

槿花 ハイビスカス

使用花嘴：花瓣 104 號 + 花心 14 號

1. 在花釘上擠一點奶油霜。
2. 放上準備好的烘焙紙，花嘴尖端朝外，圓端置中，花釘逆時針轉動。
3. 花嘴以 45 度角往前擠至十二點鐘方向後，提起稍微停頓。擠花時手要稍微抖動，以便帶出花瓣的波浪狀。
4. 再從十二點鐘方向往下擠，回到中心點，完成第一瓣。
5. 從第一瓣下方的 1/3 開始擠出第二個花瓣。

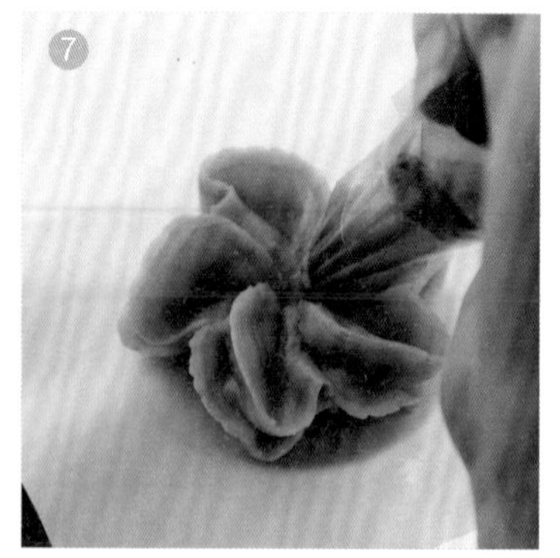

6 7
8

槿花 ハイビスカス

使用花嘴：花瓣 104 號 + 花心 14 號

6 一共要做出五個花瓣，完成第一層。

7 依相同方法，製作第二層五個花瓣。

8 用 14 號花嘴擠出花心，增添立體感，即完成。

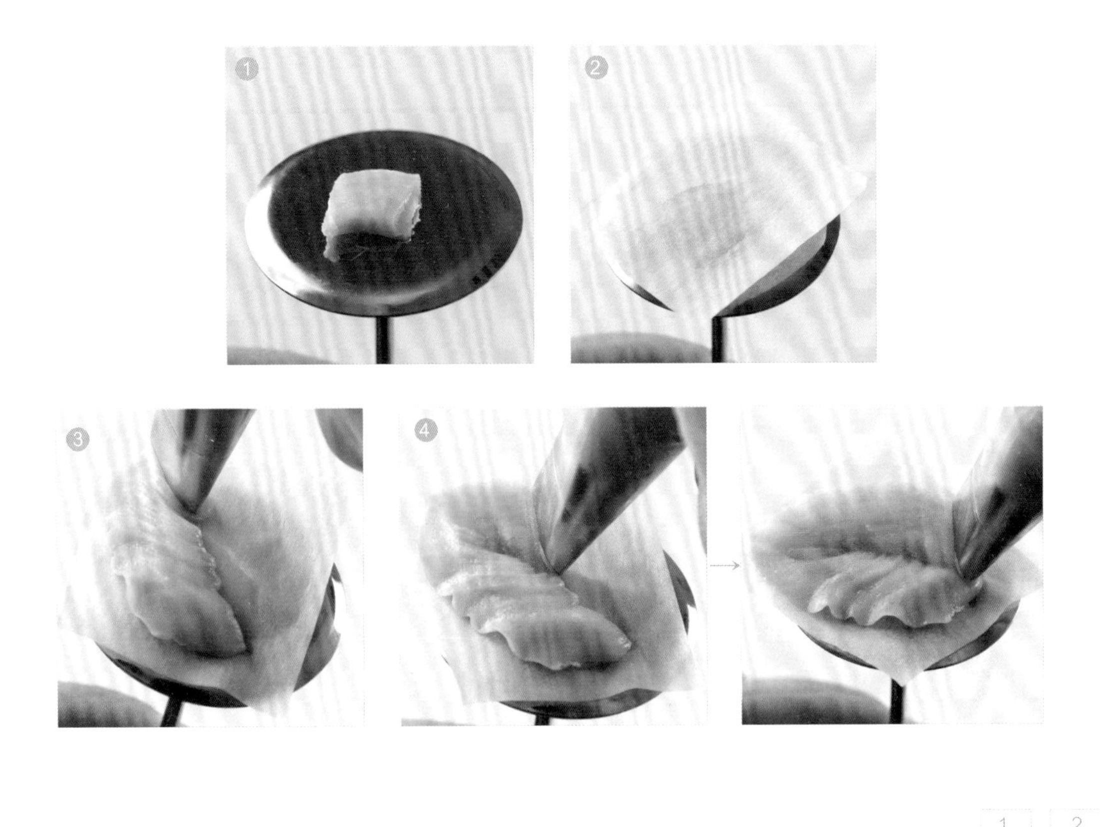

百合 ユリ

使用花嘴：104 號

1 在花釘上擠一點奶油霜。

2 放上烘焙紙。

3 花嘴以45度角從六點鐘方向往前擠至十二點鐘方向後，提起稍微停頓。擠花時手要稍微抖動，以便帶出花瓣的波浪狀。

4 依相同方法，完成另一邊。

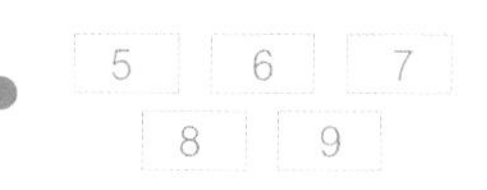

百合 ユリ

使用花嘴：104 號

5 在花釘上擠一團奶油霜，高度約 1 公分。

6 在右上方插入第一朵花瓣。

7 在左上方插入第二朵花瓣。

8 再插入第三朵花瓣，讓視覺呈現三等分，完成外圍的花瓣。記得花瓣之間要留空隙喲！

9 在兩朵外圍花瓣之間，插入第四瓣。

10 11 12
13

10 依相同方法，插入第五瓣。

11 再插入第六瓣，完成內側的花瓣。

12 用綠色奶油霜點出花心，有的拉絨毛狀，看起來會比較自然。

13 依相同方法，用黃色奶油霜擠出外圍的花心，即完成。

Chapter 3
Garland Cake

フラワーケーキ
Flower Cake Design

花環型蛋糕
蛋糕組合
THE CAKE TASTED SWEET

蛋糕
直徑 15 公分、高度 7 公分

- 藍星花 - 使用花嘴：花瓣 81 號 + 花心 14 號
- 海芋 - 使用花嘴：104 號
- 槿花 - 使用花嘴：104 號 + 花心 14 號
- 百合 - 使用花嘴：104 號
- 牡丹 - 使用花嘴：120 號
- 玫瑰 - 使用花嘴：104 號
- 繡球花 - 使用花嘴：104 號
- 鬱金香 - 使用花嘴：120 號
- 覆盆子 - 使用花嘴：2 號

1 在蛋糕上擠一圈奶油霜。

2 先放兩朵繡球花。

3 放入兩朵牡丹。

在花朵的配置上，以深淺顏色交錯，視覺上看起來會比較協調。

4 放入玫瑰。

5 放入三朵鬱金香，呈現三角形配置，視覺會更集中。

6 再放入三朵鬱金香，其中一朵放在外側兩朵牡丹的背面之間。

7 往左放上牡丹，往右則放上槿花。

8 往右放上兩朵鬱金香。

9 先放百合，再往內側放上兩朵海芋。

10 在百合與玫瑰之間，放上一朵牡丹，完成外圈。

11 在空隙處放上牡丹、繡球花，再點綴上覆盆子，帶來畫龍點睛的效果。

12 在外圍的花朵，插上大葉子，增加層次感。

13 點綴上藍星花、小花苞，呈現大小花錯落的景致，再擠上藤蔓，帶出延伸感，完成組合。

Chapter3

Garland Cake2

フラワーケーキ

Flower Cake Design

花環型蛋糕2

THE CAKE TASTED SWEET

Garland Cake2

FLOWER CAKE DESIGN

大葉子
葉っぱ

透過顏色的轉換，葉子也能成為主角。從沉穩靜謐的濃綠色到充滿大地氣息的橘咖色調，搭配內外交錯擺放，不僅豐富了視覺，也營造出層次感，再點綴上紅色果實，彷彿置身於初秋的森林中。

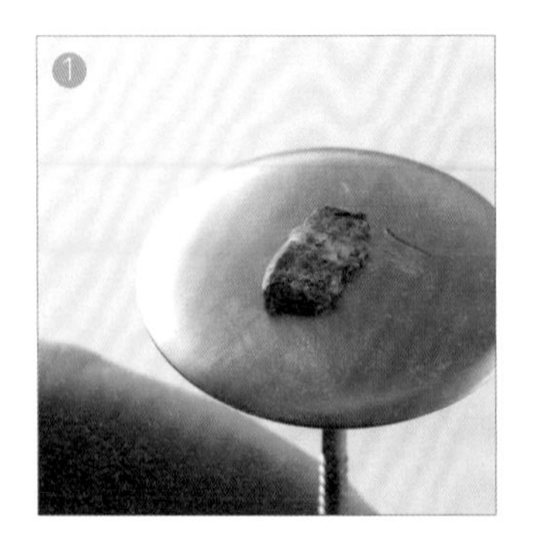

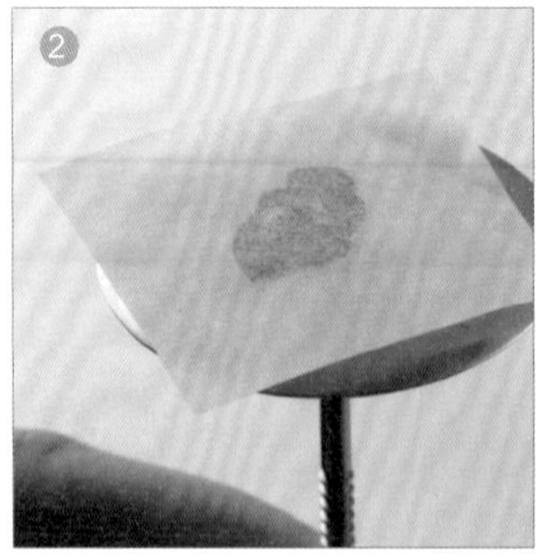

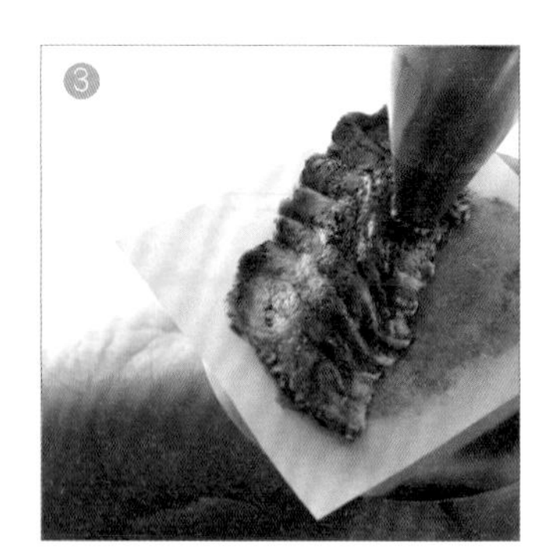

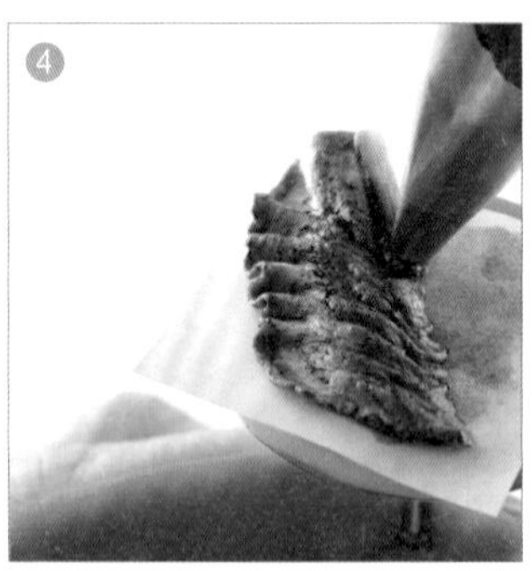

1 2 3
4 5

大葉子 葉っぱ

使用花嘴：104 號

1 在花釘上擠一點奶油霜。

2 放上烘焙紙。

3 花嘴以 45 度角從六點鐘方向往前擠至十二點鐘方向後， 提起稍微停頓。擠花時手要稍微抖動，以便帶出葉子的波浪狀。

4 轉花釘，擠另外一邊。

5 擠時要緊貼左邊的葉子，即完成。

Chapter 3
Garland
Cake 2

フラワーケーキ
Flower Cake Design

花環型蛋糕 2
蛋糕組合
THE CAKE TASTED SWEET

蛋糕
直徑 15 公分、高度 7 公分

✲ 大葉子 - 使用花嘴：104 號

1 用咖啡色奶油霜，裝上 3 號花嘴，在蛋糕上擠出一圈又一圈的藤圈，做出 1.5 公分的高度後，在藤圈上模擬出打結處。

2 將大葉子插入藤圈中，內外交錯擺放，視覺會比較活潑。

3 加入橘咖色系的葉子，營造出層次感。

4 再放上綠色的葉子，增加視覺焦點。

5 在葉子的中間擠上紅色果實。

6 部分果實可往內往外延伸，完成組合。

Chapter 3

Bouquet Cake

フラワーケーキ

Flower Cake Design

捧花型蛋糕

THE CAKE TASTED SWEET

Bouquet Cake

FLOWER CAKE DESIGN

組合花朵時，要先從外圈做起，再逐漸往內聚合，讓整個佈局呈現凝聚之感。此款蛋糕除了運用牡丹、陸蓮等花朵，也加入綠意盎然的尤加利，更顯得層次豐富，而含苞的花蕾讓人期待起綻放的那一刻！

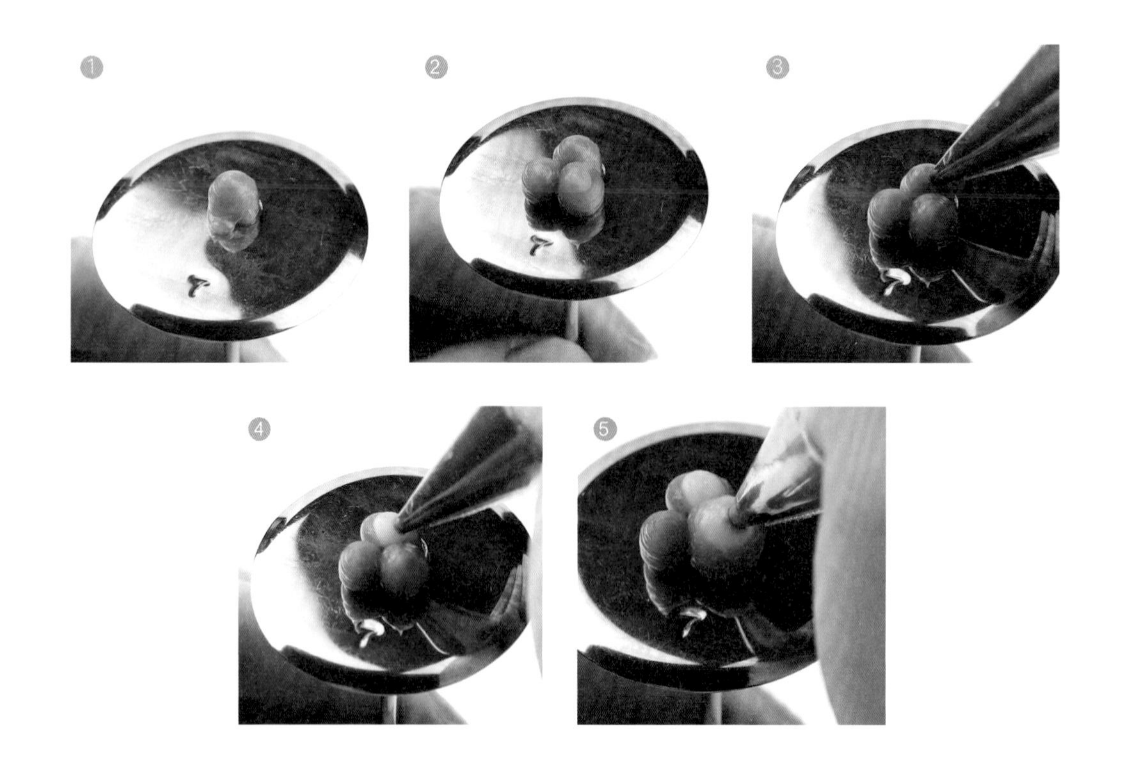

1 2 3
4 5

花苞 つぼみ

使用花嘴：7+8 號

1 在花釘上擠出一半圓柱形，高度約 1 公分。

2 三個為一組，擠在花旁邊時，可視需要增減。

3 準備白色奶油霜，插入綠色花苞中。

4 緩緩擠入，同時向上拉出。

5 依此類推，直到完成。

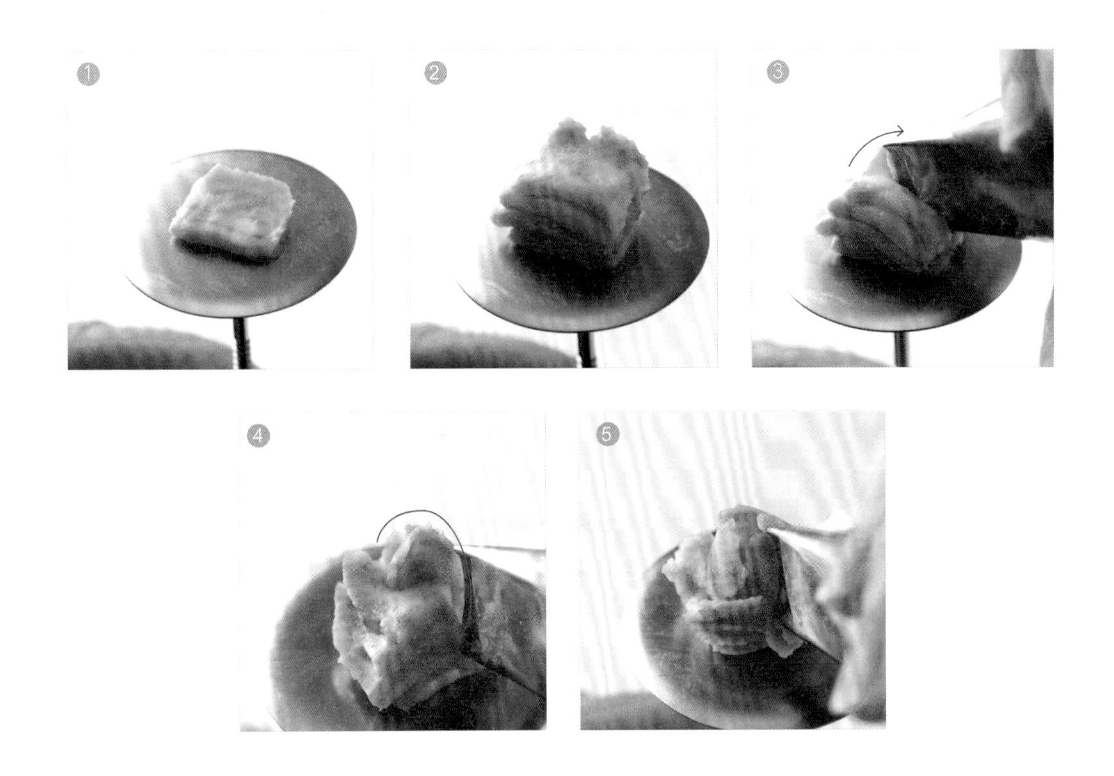

1 2 3
4 5

牡丹 ぼたん

使用花嘴：120 號

1 在花釘上擠出一長方形基座。

2 高度約 1 公分。

3 花嘴以 90 度角直立插入後邊擠邊轉。

4 擠出第一個花瓣。

5 從第一個花瓣的 1/4 處擠出第二個花瓣，以此類推，共做出四個花瓣，完成第一層。

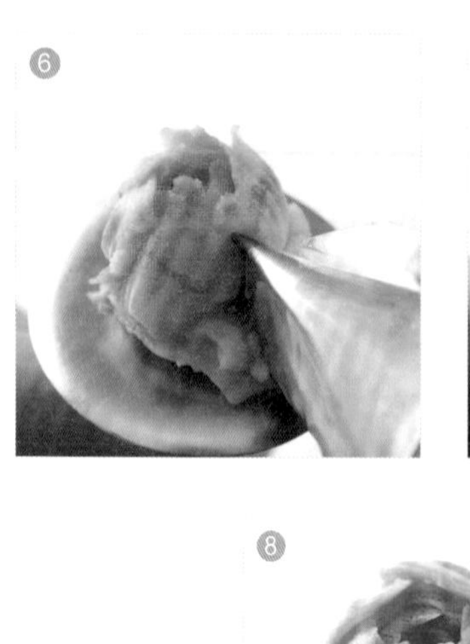

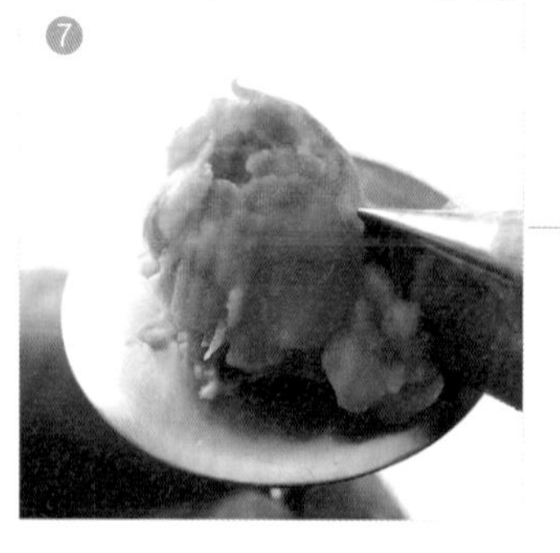

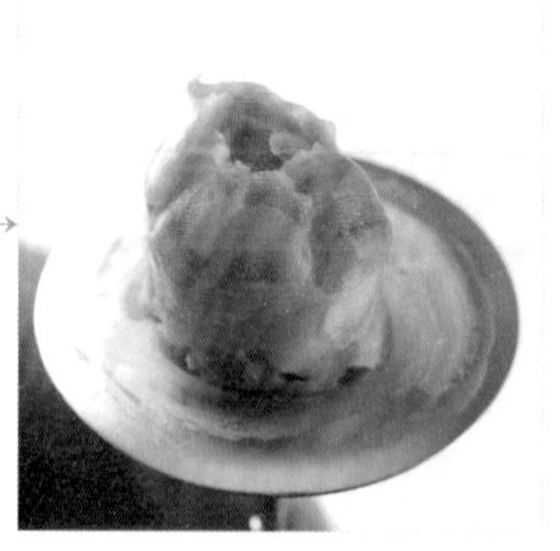

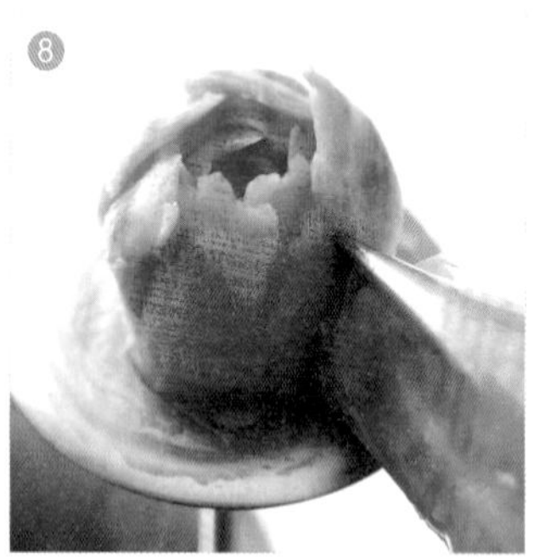

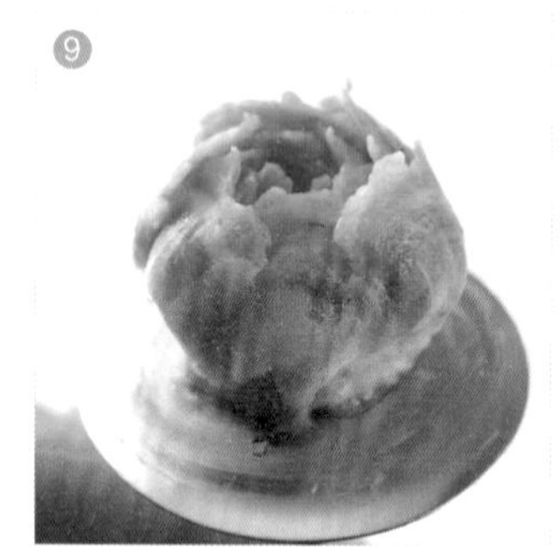

6 7
8 9

牡丹 ぼたん

使用花嘴：120 號

6 依相同方法，做出五個花瓣，完成第二層。

7 刮去多餘的奶油霜。

8 再擠出第一個花瓣。

9 依序完成 5 ～ 7 朵花瓣，完成第三層。

擠花瓣時花嘴要往內包，做出牡丹內包的花瓣感。

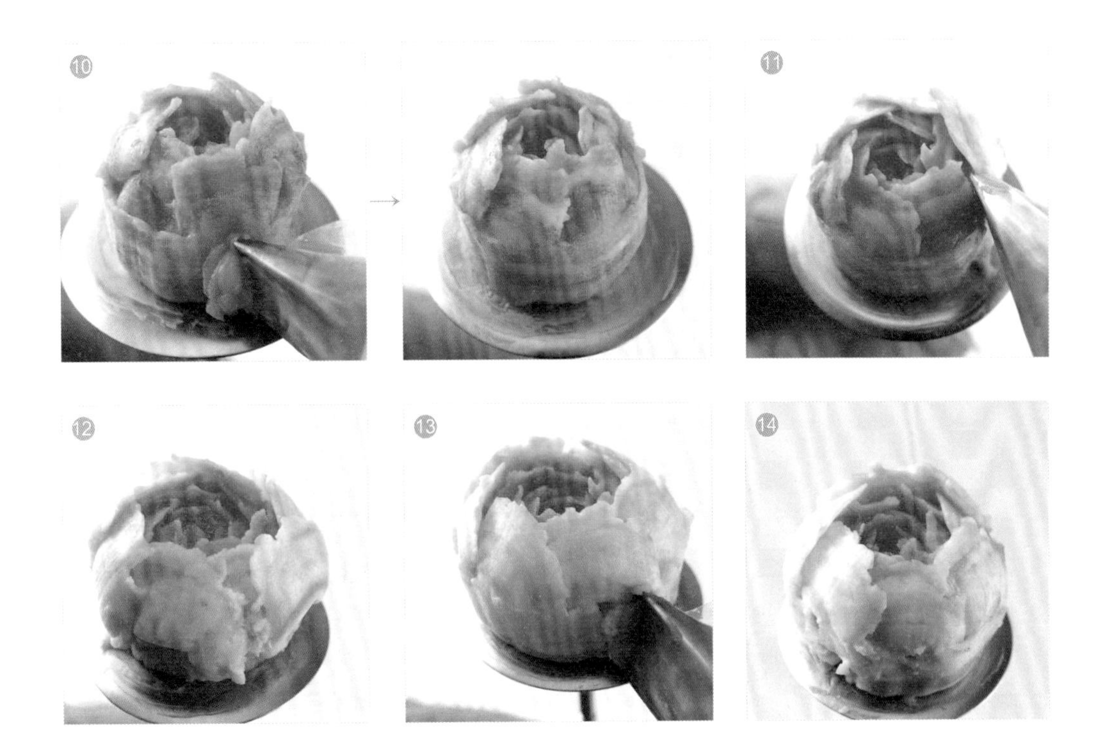

10 擠一圈奶油霜在底部，並將多餘的部分刮除。

11 再擠出第一個花瓣。

12 依序完成 5 ～ 7 朵花瓣，完成第四層。

13 擠一圈奶油霜在底部，並將多餘的部分刮除。

14 完成牡丹花。

Tip

每一層花瓣的高度要慢慢地往上，做出層次感。

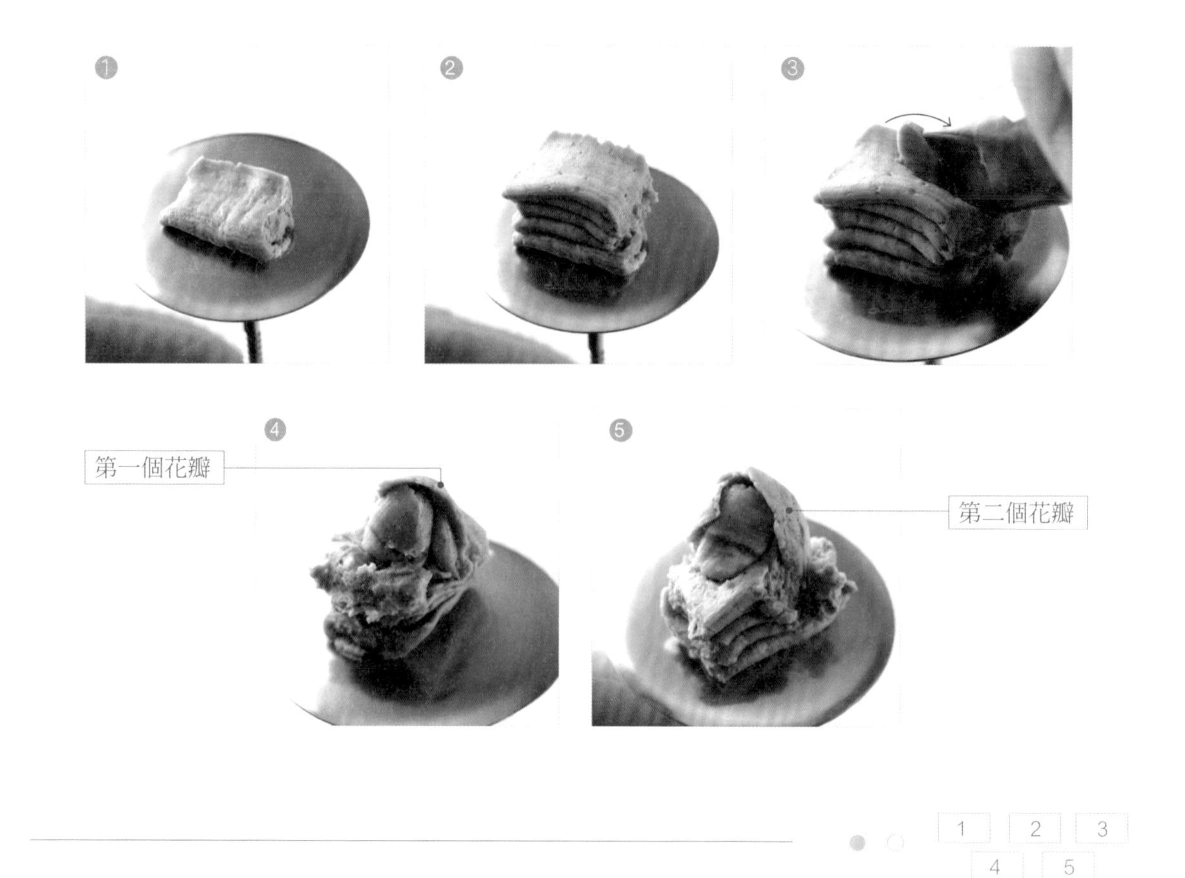

1 2 3
4 5

陸蓮 ラヌスカス

使用花嘴：120 號＋ 124K 號

1 在花釘上擠出一長方形基座。

2 高度約 1 公分。

3 將花嘴以 90 度角插入，邊擠邊轉。

4 做出第一層三片花瓣後，再擠出第二層的第一個花瓣。

5 擠出第二個花瓣。

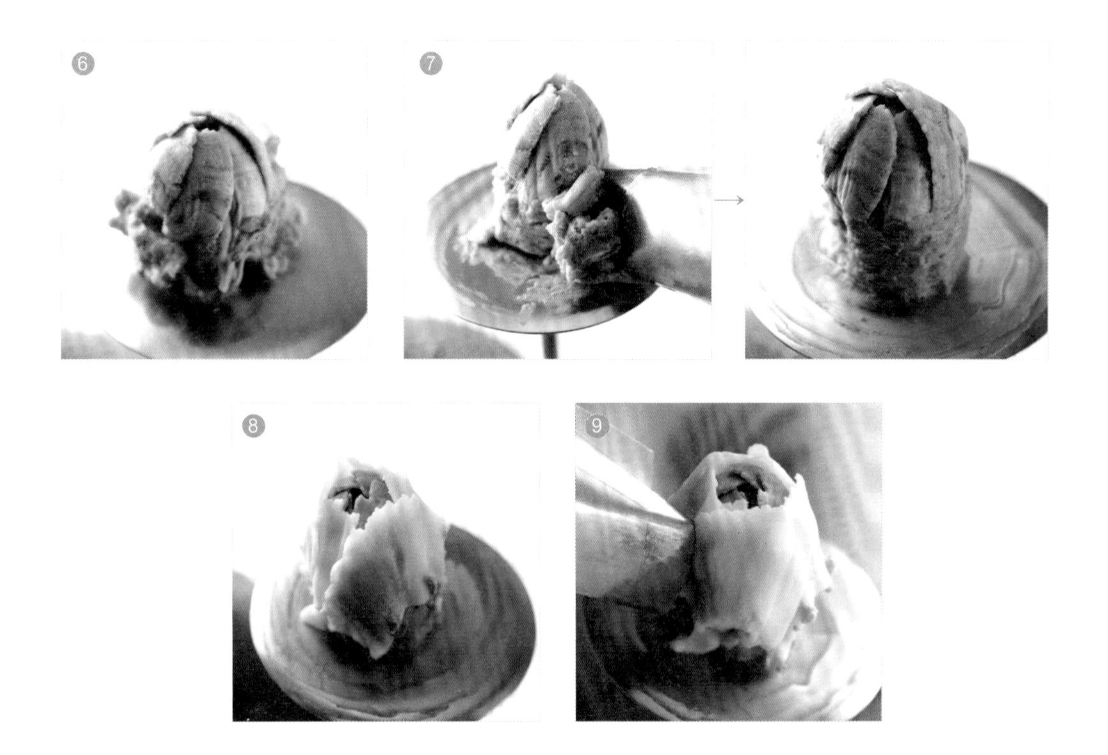

6 依序做出五個花瓣，完成第二層。

7 刮去多餘的奶油霜。

8 用白色奶油霜擠出五個花瓣，完成第一層。

9 再做出第二層第一瓣。

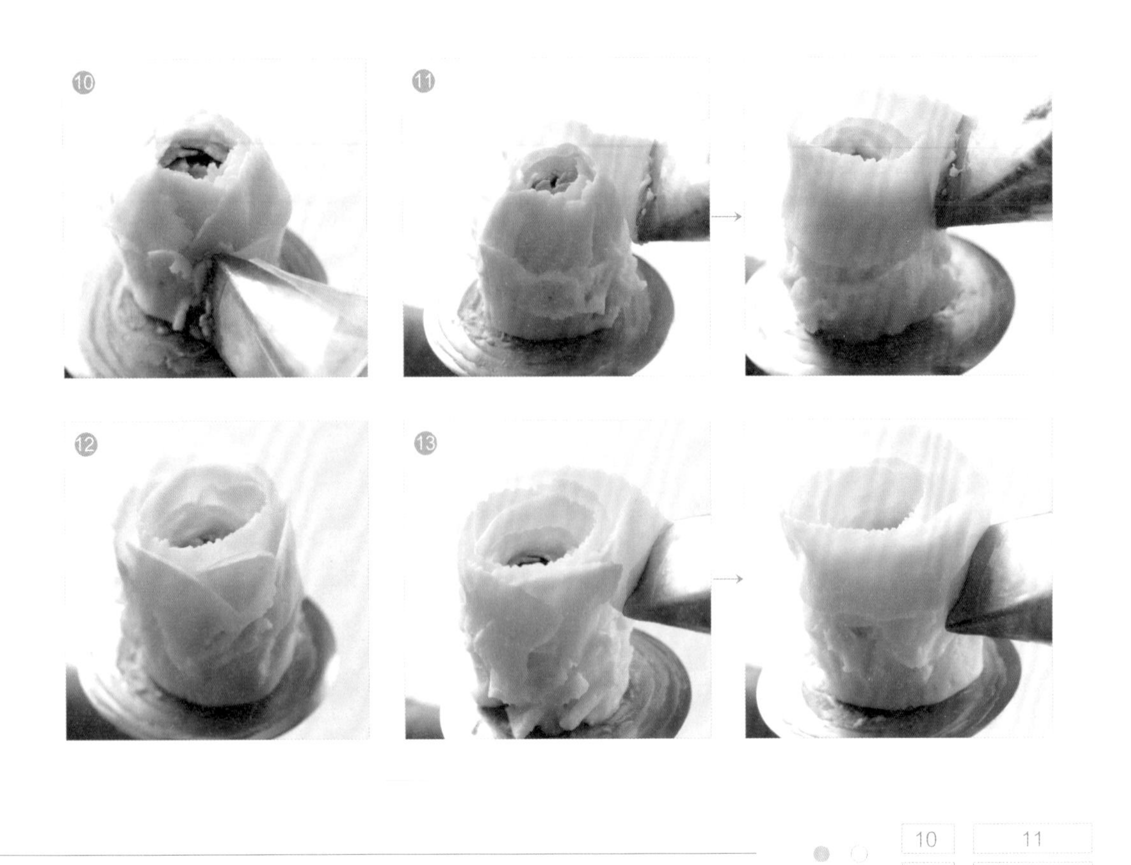

10	11
12	13

陸蓮 ラヌスカス

使用花嘴：120 號＋ 124K 號

10 依序完成第二層五個花瓣後，擠一圈奶油霜在底部。

11 從第三層開始，花嘴高度往上 0.5 公分，繞出一圈花瓣。

12 依照步驟 8 的方法，做出五個花瓣。

13 花嘴高度往上 0.5 公分，繞出第二圈花瓣。

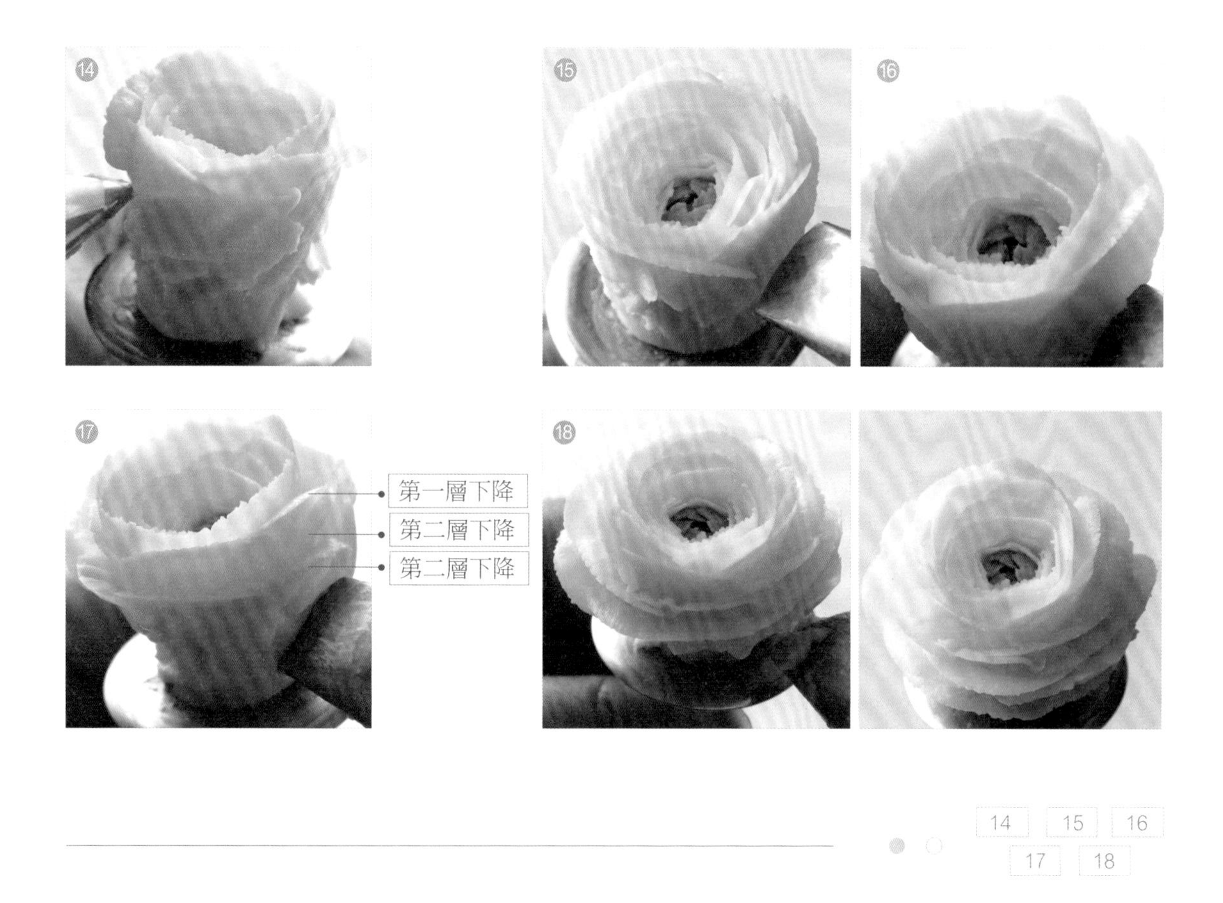

14 依照步驟 8 的方法，做出五個花瓣。

15 從這邊開始，花嘴高度往下，擠出第一個花瓣。

16 依序完成五個花瓣，此為第一次下降。

17 一共完成三次下降，每次下降都做 5 ～ 7 個花瓣。

18 完成陸蓮。

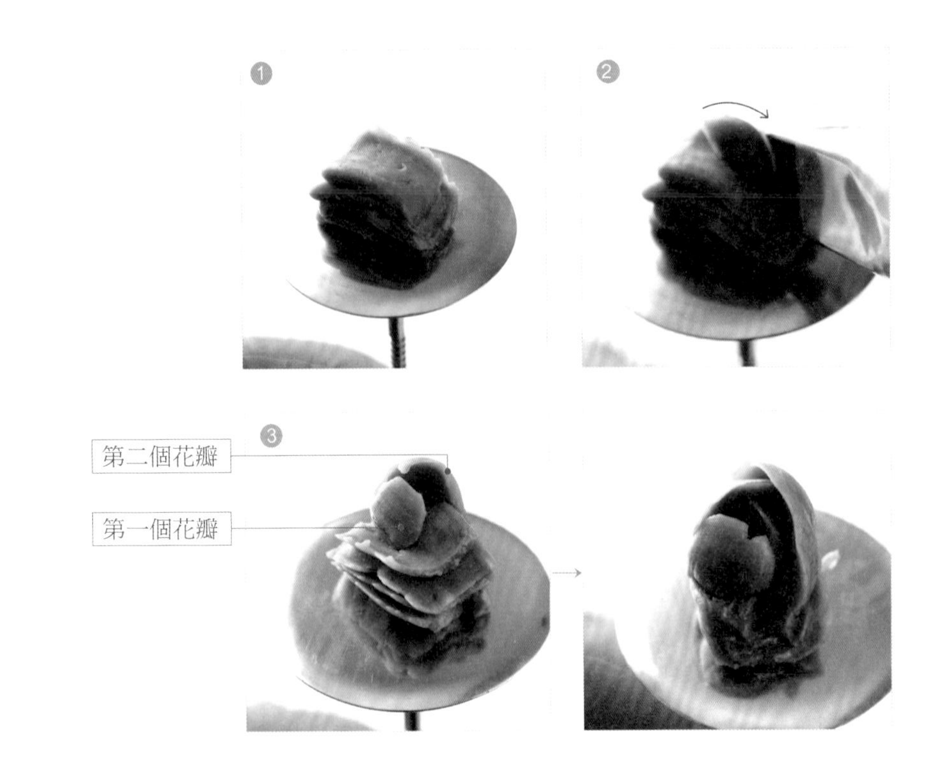

1 2
3

芍藥 しゃくやく

使用花嘴：120 號

1 在花釘擠出一長方形基座，高度約 1 公分。

2 花嘴以 90 度角插入，邊轉邊擠。擠時要注意花嘴往內包。

3 依序擠出三個花瓣，完成第一層後，擠出第二層第一個花瓣。

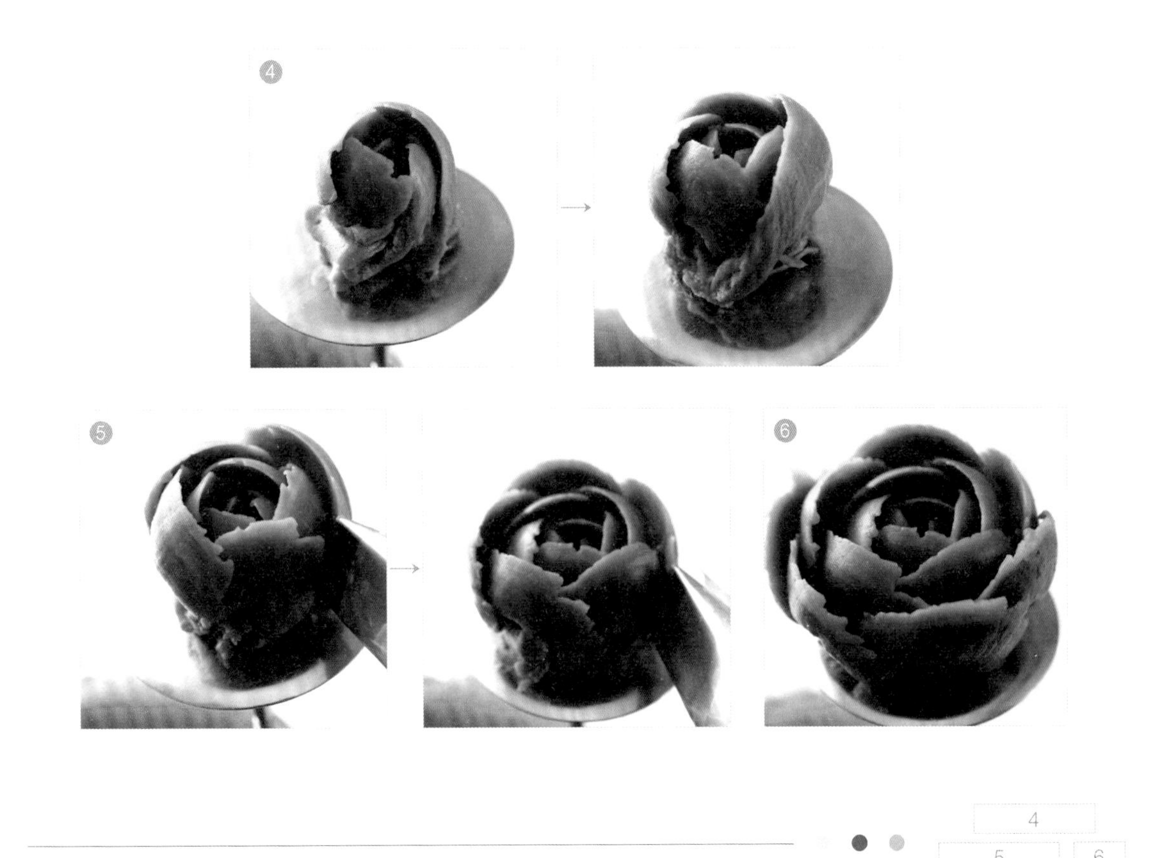

4 依相同方法，完成第二層四個花瓣。

5 依相同方法，完成第三層五個花瓣。

6 依相同方法，完成第四層，共六個花瓣。

● ● 7 8 9

芍藥 しゃくやく

使用花嘴：120 號

7 擠一圈奶油霜在底部。

8 用黃色奶油霜點出花心。

9 完成芍藥。

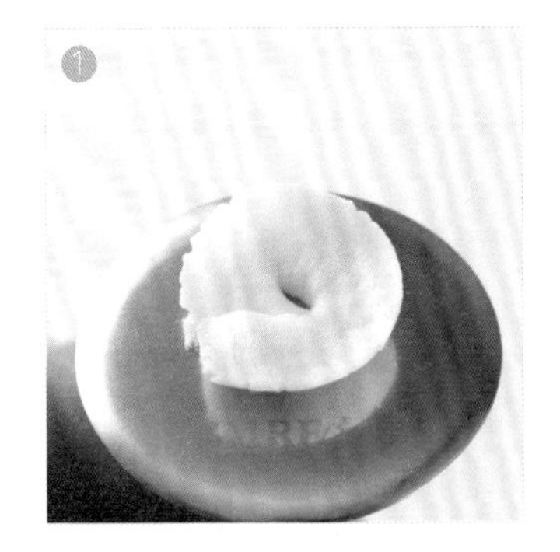

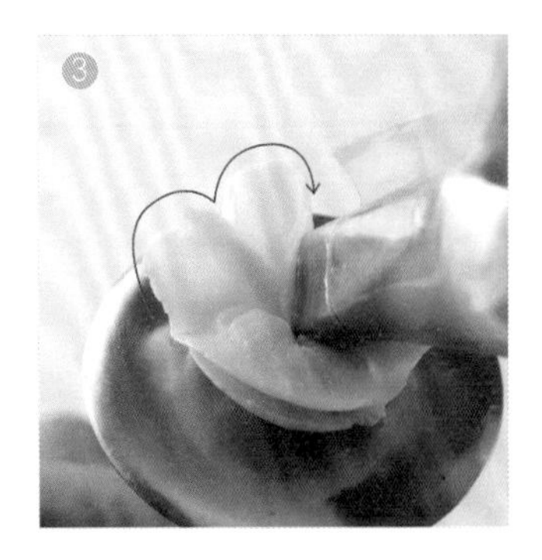

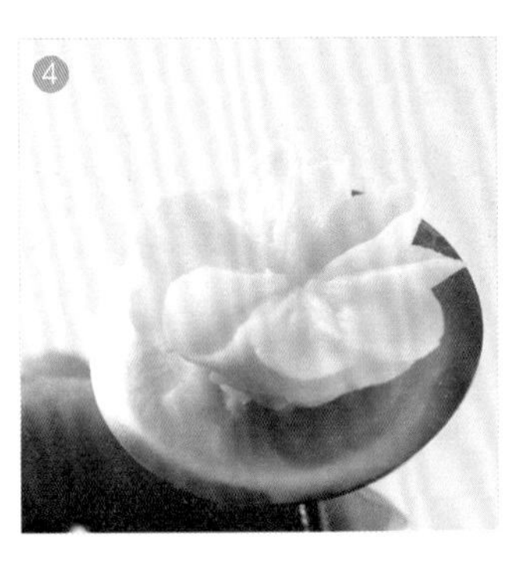

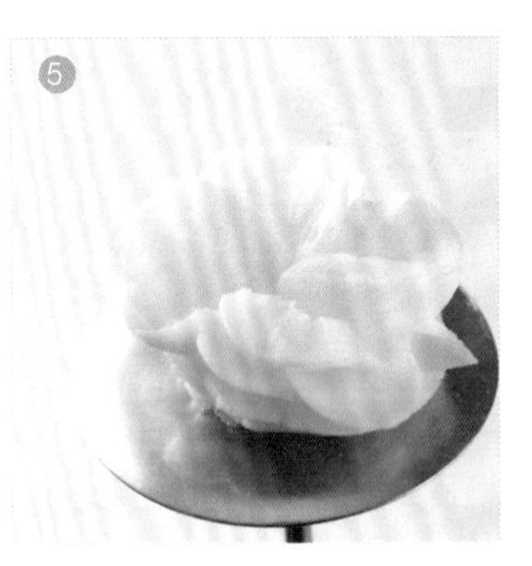

1 2 3
4 5

銀蓮花 アネモネ

使用花嘴：102 號

1 在花釘上擠出一圈奶油霜。

2 再擠出第二圈。

3 先擠出一個愛心花瓣。

4 依序做出五個愛心花瓣，完成第一層。

5 依相同方法，做出四個愛心花瓣，完成第二層。

○ ● 7 8 9

銀蓮花 アネモネ

使用花嘴：102 號

6 用黑色奶油霜點出花心。

7 再點出外圍一圈花心。

8 完成銀蓮花。

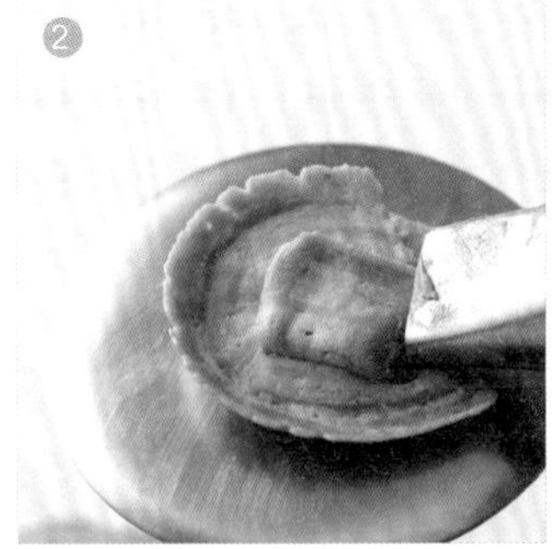

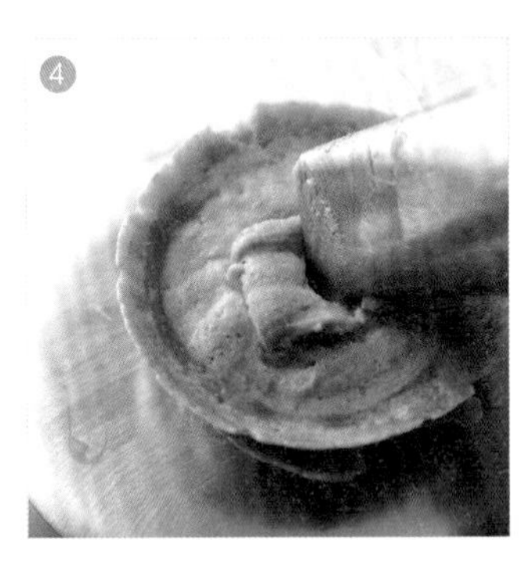
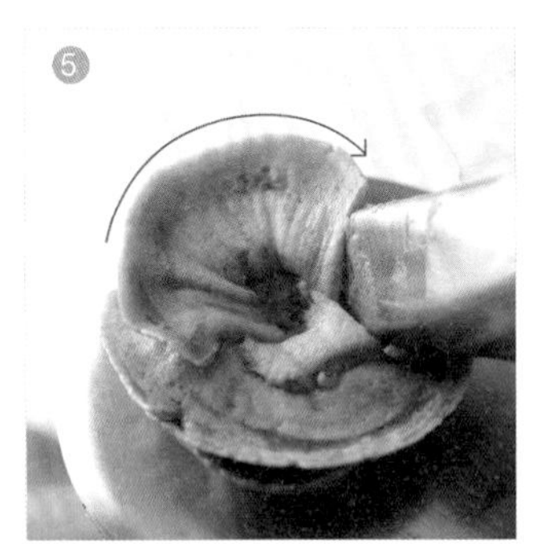

1 2 3
4 5

尤加利 ユーカリ

使用花嘴：102 號

1 在花釘上擠一圈奶油霜。

2 在中間補上一點奶油霜，完成第一個基座。

3 依相同方法，完成第二個基座。

4 花嘴以 45 度角直立插入。

5 邊擠邊轉，完成一片葉子。

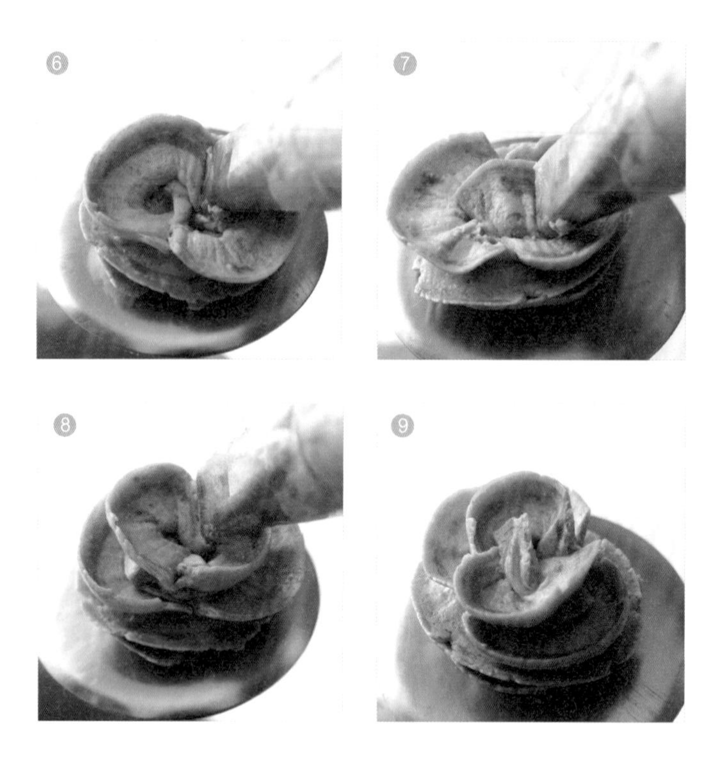

6 7
8 9

尤加利 ユーカリ

使用花嘴：102 號

6 再做出另一片葉子。

7 在中間填一點奶油霜。

8 重複步驟 5～6，完成第三、四片葉子。

9 在中間填一點奶油霜。

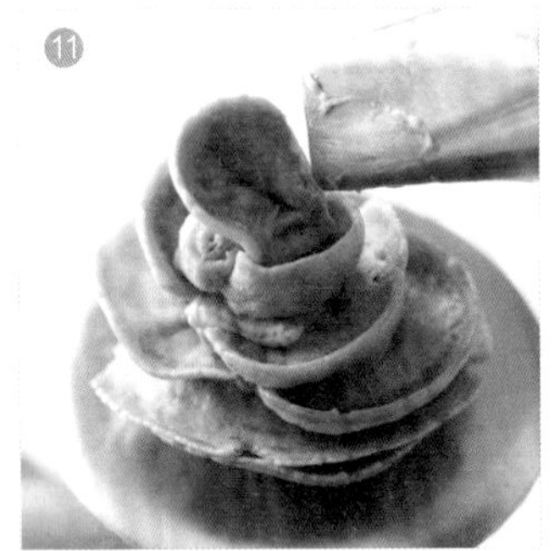

10 11 12

10 完成第五、六片葉子。

11 一樣在中間填上一點奶油霜，花嘴改成 90 度擠出最後一片葉子。

12 完成尤加利。

Chapter 3
Bouquet
Cake

フラワーケーキ
Flower Cake Design

捧花型蛋糕
蛋糕組合

THE CAKE TASTED SWEET

蛋糕

直徑 15 公分、高度 7 公分

- 藍牡丹 - 使用花嘴：120 號
- 陸蓮 - 使用花嘴：120 號＋ 124K 號
- 芍藥 - 使用花嘴：120 號
- 銀蓮花 - 使用花嘴：102 號
- 尤加利 - 使用花嘴：102 號
- 花苞 - 使用花嘴：7+8 號

1 在蛋糕上擠一圈奶油霜。

2 在下方放入三朵牡丹花。

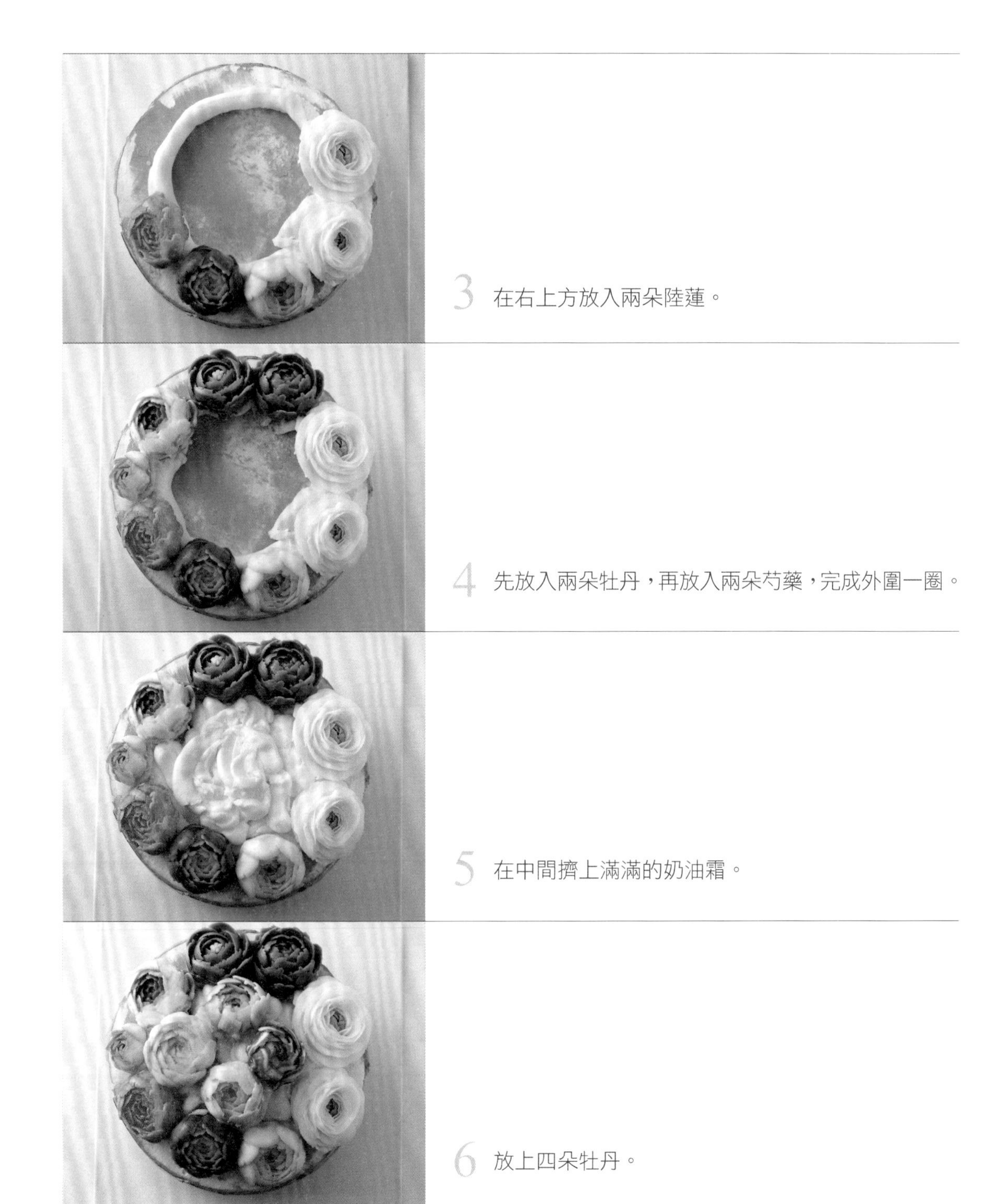

3 在右上方放入兩朵陸蓮。

4 先放入兩朵牡丹，再放入兩朵芍藥，完成外圍一圈。

5 在中間擠上滿滿的奶油霜。

6 放上四朵牡丹。

7　在空隙處放上三朵尤加利。

8　在蛋糕外圍用 352 號花嘴擠出葉子，增添延伸感。

9　在空隙中擺上兩朵銀蓮花，擠出花苞，完成組合。

Chapter 3

Natural Wind Cake

フラワーケーキ

Flower Cake Design

自然風蛋糕

THE CAKE TASTED SWEET

Natural Wind Cake

FLOWER CAKE DESIGN

類似於半月型蛋糕的佈局，運用藍星花、薰衣草及藤蔓，讓整體不局限於一側，而是透過適當延伸，橫跨到另一側，打破了規矩的表現，讓兩側有了連接感，給人不做作的自然感。

1 2
3 4

洋甘菊 カモミール

使用花嘴：花瓣 81 號：花心 14 號

1 在花釘上擠一小團奶油霜，高度約 1 公分。

2 將花嘴以 45 度插入，往斜上方拉出第一個花瓣。

3 一共完成五個花瓣。

4 用 14 號花嘴擠出花心。

5

5 以堆疊的方式，營造出花心的層次感，即完成。

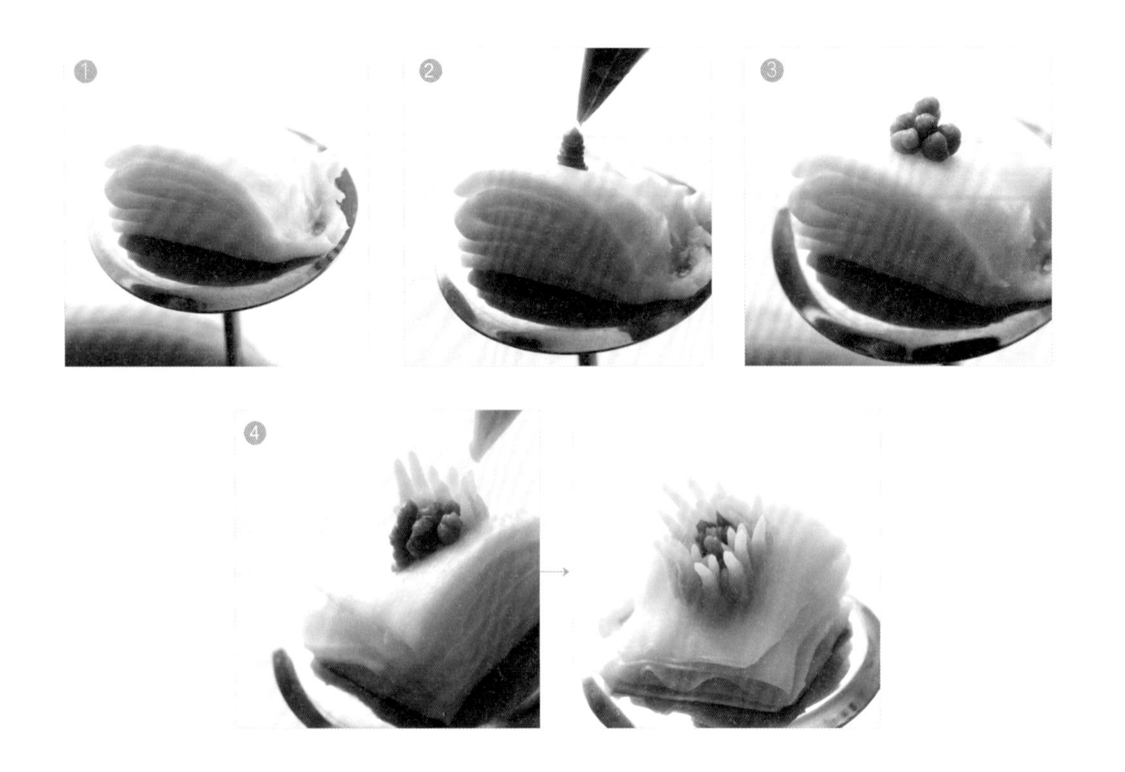

1 2 3
4

大牡丹 ぼたん

使用花嘴：手工花嘴

1 在花釘上擠出一長方形基座，高約 1 公分。

2 用綠色奶油霜擠出中間的花心。

3 再擠出五個花心。

4 用黃色奶油霜拉出花心。

5 沿著黃色花心邊擠邊轉花釘，拉出一圈花瓣。

6 擠出第一個花瓣，記得要抖動花嘴做出大波浪感狀。

7 擠出第二個花瓣。

Tip

花瓣要比花心略高。

8 9

大牡丹 ぼたん

使用花嘴：手工花嘴

8 擠出第三個花瓣，完成第一層，再擠出第二層花瓣，高度略微下降 0.2 公分。

9 依相同方法，做出第二層五個花瓣，即完成。

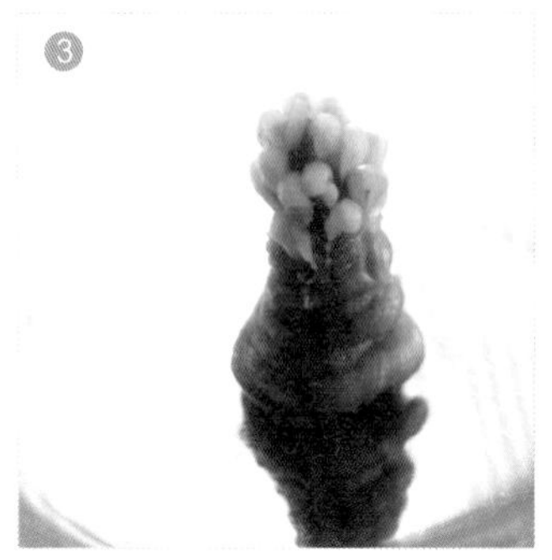

薰衣草 ラベンダー

使用花嘴：2 號

1 在花釘上擠出一個小椎體，高度約 1 公分。

2 用擠花袋裝入淡粉色奶油霜，擠出一個個小圓點，當作小花苞。

3 大約擠出三排的小圓點。

4 換色，依相同方法完成下三排的花苞。

5 6 7
8

薰衣草 ラベンダー

使用花嘴：2 號

5 再次換色，依相同方法擠完所有的花苞。

6 用白色奶油霜擠出花心。

7 用 2 號花嘴擠出白色的星星狀花心。

8 再用白色奶油霜拉出花心，即完成。

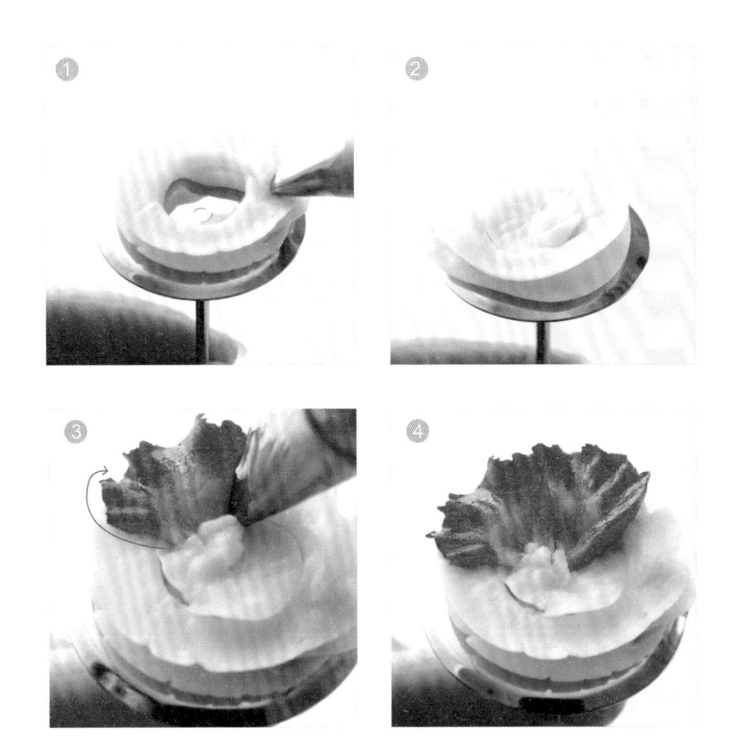

1 2
3 4

罌粟花 ポピー

使用花嘴：花瓣 102 號 + 花心 1 號

1 在花釘上擠出兩圈白色奶油霜。

2 再將中間的圓填滿。

3 將花嘴以 45 度插入，朝 12 點鐘方向邊上下抖動，再回到中心點，完成第一瓣。

4 將花嘴插入第一瓣後方的 1/4，依相同方法，完成第二瓣。

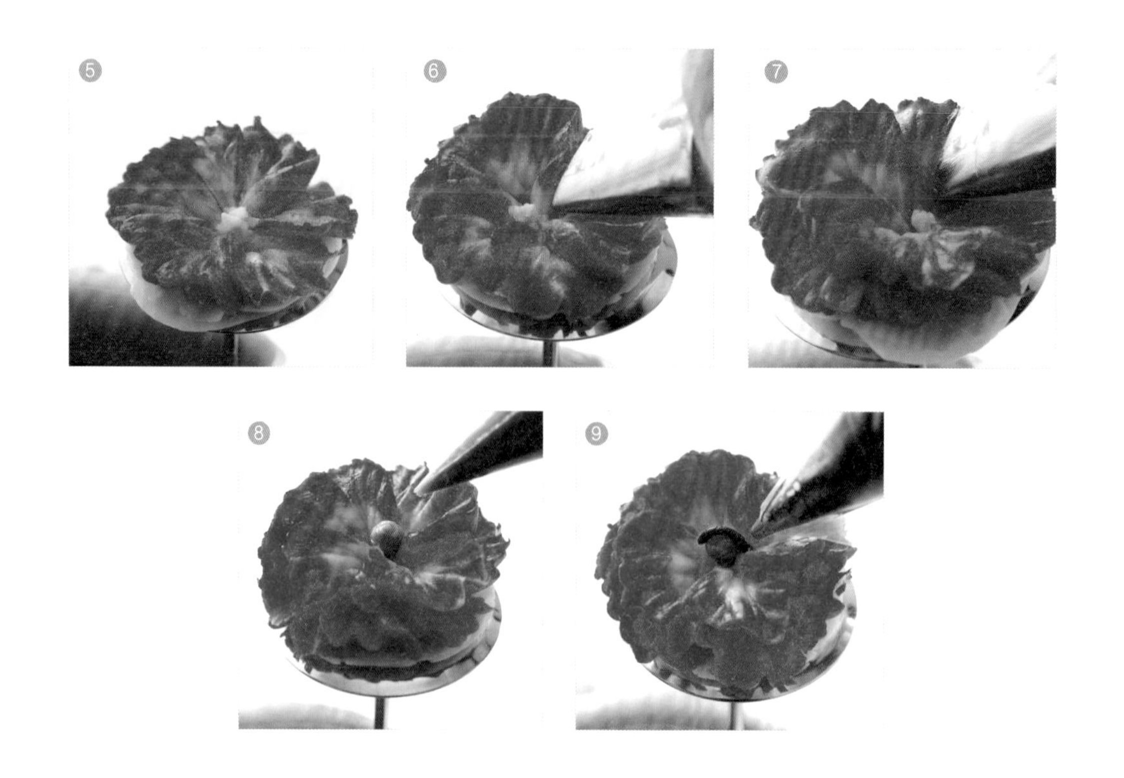

5 6 7
8 9

罌粟花 ポピー

使用花嘴：花瓣 102 號 + 花心 1 號

5 一共擠出六瓣，完成第一層。

6 在第六瓣後方的 1/4 處插入花嘴，擠出第二層的花瓣。

7 依序擠出第三瓣。

8 再擠出第四瓣，完成第二層後用綠色奶油霜擠出花心。

9 用黑色奶油霜，擠出長形花心。

10 11
12

10 共擠出約 7～8 條花心。

11 在外圍點出一圈散落的花心。

12 完成罌粟花。

1 2
3 4

松蟲草花苞 スカビオサの花びら

使用花嘴：花瓣 81 號 + 花心 14 號

1 在花釘上擠一個半圓形，當作基座。

2 用咖啡色奶油霜擠出花心。

3 擠到花心布滿整個基座。

4 在距離花釘約 1/3 處，將花嘴以 45 度插入。

5 慢慢地擠出花瓣，一共完成七個花瓣。

6 用 14 號花嘴擠出混色花心。

7 再用白色奶油霜拉出花心。

8 用 14 號花嘴擠出白色花心。

9 完成松蟲草花苞。

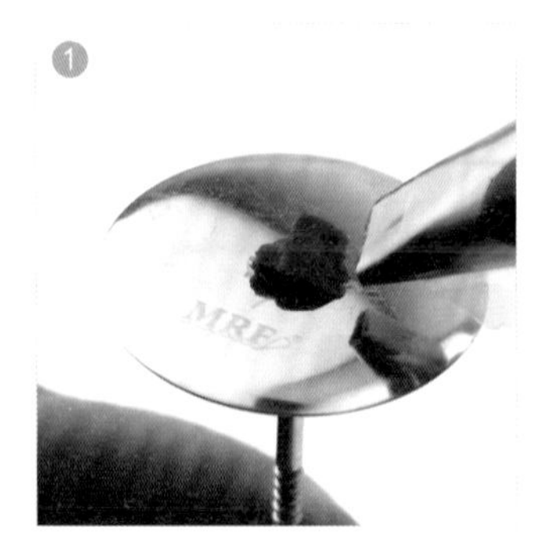

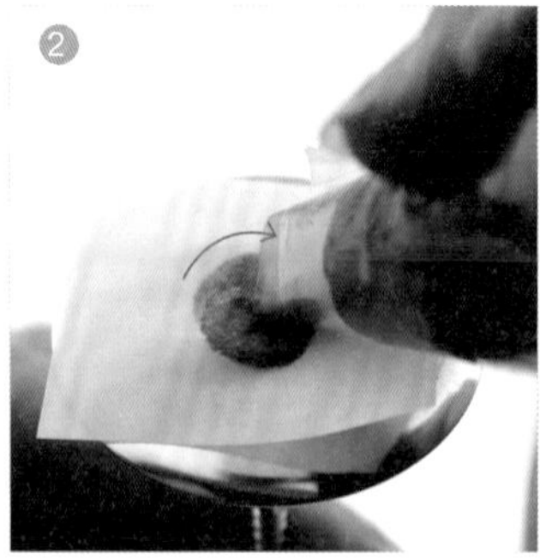

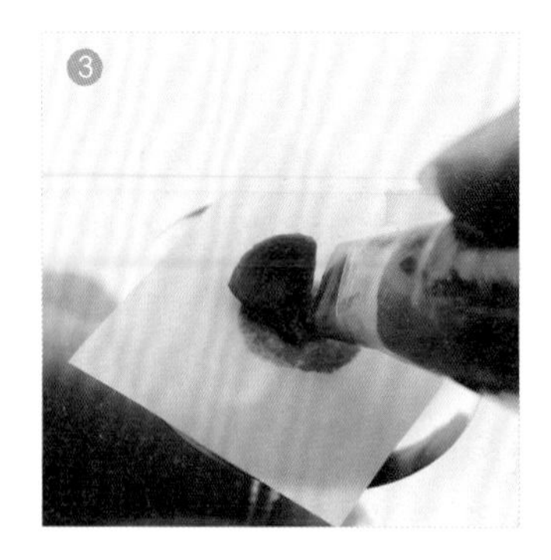

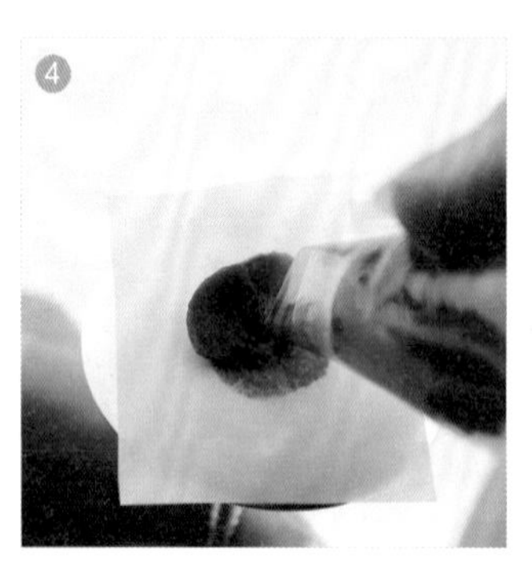

1 2 3
4 5

飛燕草 デルフィニウム

使用花嘴：花瓣 102 號 + 花心 101S 號

1 在花釘上擠一點奶油霜。

2 放上準備好的烘焙紙，花嘴尖端朝外，圓端置中，花釘逆時針轉動。

3 花瓣擠出約 0.5 公分時，花嘴成圓弧狀往內收。

4 第二瓣與第一瓣相同，但花嘴中心點須在第一瓣下方。

5 繼續擠出第三瓣。

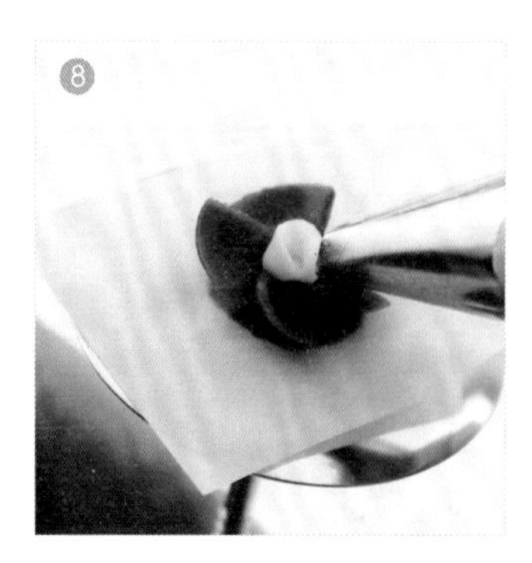

6 7 8
9

6 擠出第四瓣，注意每一瓣的大小必須一致。

7 一共擠出五瓣，完成花朵主體。

8 使用 101S 號花嘴，在花朵中心擠出一個花心。

9 再拉出三根花蕊，即完成。

Chapter 3
Natural wind
Cake

フラワーケーキ
Flower Cake Design

自然風蛋糕
蛋糕組合
THE CAKE TASTED SWEET

蛋糕

直徑 15 公分、高度 7 公分

- 大牡丹 - 使用花嘴：手工花嘴
- 薰衣草 - 使用花嘴：2 號
- 罌粟花 - 使用花嘴：花瓣 102 號 + 花心 1 號
- 松蟲草花苞 - 使用花嘴：花瓣 81 號 + 花心 14 號
- 飛燕草 - 使用花嘴：花瓣 102 號 + 花心 101S 號
- 玫瑰 - 使用花嘴：104 號
- 繡球花 - 使用花嘴：104 號
- 鬱金香 - 使用花嘴：120 號
- 覆盆子 - 使用花嘴：2 號

1 在蛋糕上擠一圈奶油霜。

2 由左至右，分別放上三朵大牡丹。

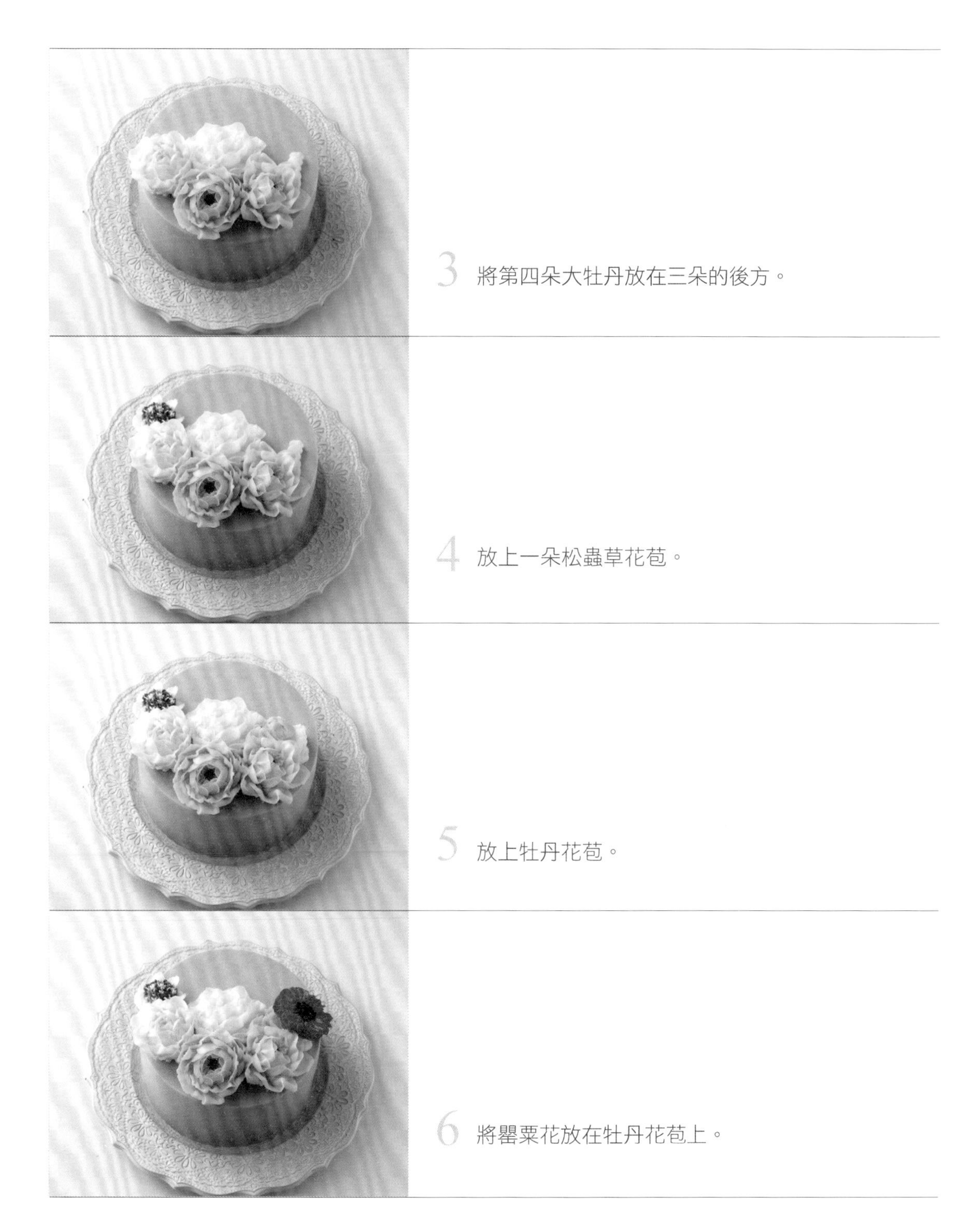

3 將第四朵大牡丹放在三朵的後方。

4 放上一朵松蟲草花苞。

5 放上牡丹花苞。

6 將罌粟花放在牡丹花苞上。

7 放上三片已擠好的葉子。

Tip

葉子做法不同，表現出來的方式也不一樣。

8 在花朵之間，用 352 花嘴擠出綠色葉子。

9 放上飛燕草，呈現曲線感的 S 形。

10 點綴上薰衣草。

11 放上洋甘菊。

12 妝點上延伸出去的薰衣草、藤蔓，完成組合。

Chapter 4

花朵蛋糕

Flower Cake

FLOWER CAKE DESIGN

フラワーケーキ

繽紛耀眼的花朵蛋糕

看似困難的裱花裝飾，只要多加練習，
每個人都能做出充滿個人風格的裱花蛋糕。
在生日、宴會或浪漫的婚禮，
就用綻放的花朵，獻上滿滿的祝福吧！

Chapter4

Flower Box Cake

フラワーケーキ

Flower Cake Design

春漾花盒蛋糕

THE CAKE TASTED SWEET

Flower Box Cake

FLOWER CAKE DESIGN

繡球花 あじさい
大麗花 ダリア
水仙 すいせん

以春天的自然景色做為概念，
將滿室春意盡收眼底。
柔和粉嫩的花朵，恣意綻放美麗，
為整個季節帶來繽紛的氛圍。

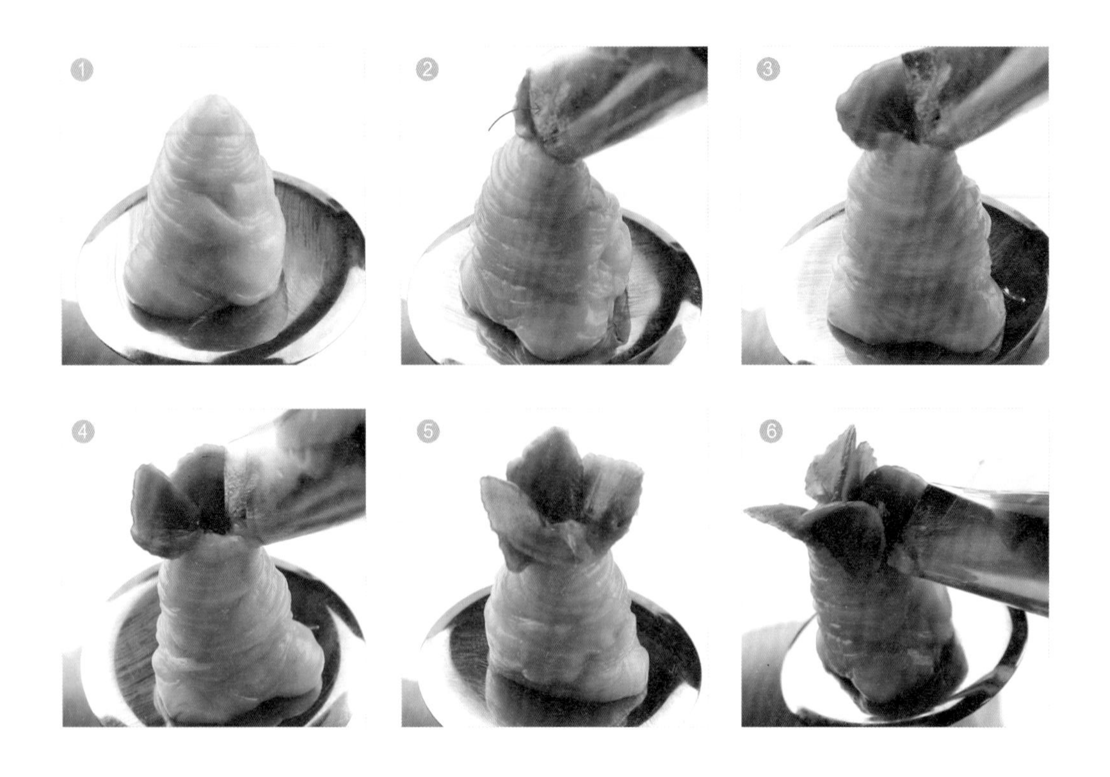

1　2　3
4　5　6

繡球花 あじさい

使用花嘴：102 號

1 在花釘上擠一團圓柱形基座，高度約 3 公分。

2 花嘴圓端插入基座頂端，擠出一小圓弧狀，此時逆時針旋轉花釘。

3 花瓣至 0.5 公分高時，花嘴向下至基座後停止，拉出。

4 第二瓣同第一瓣做法。

5 頂端第一層為 4 瓣，保持中心點是敞開的。

6 依相同方法，製作其他層的花瓣。

7 以三角形為基準，交叉擠出花瓣。

8 花瓣需覆蓋整個基座，即完成。

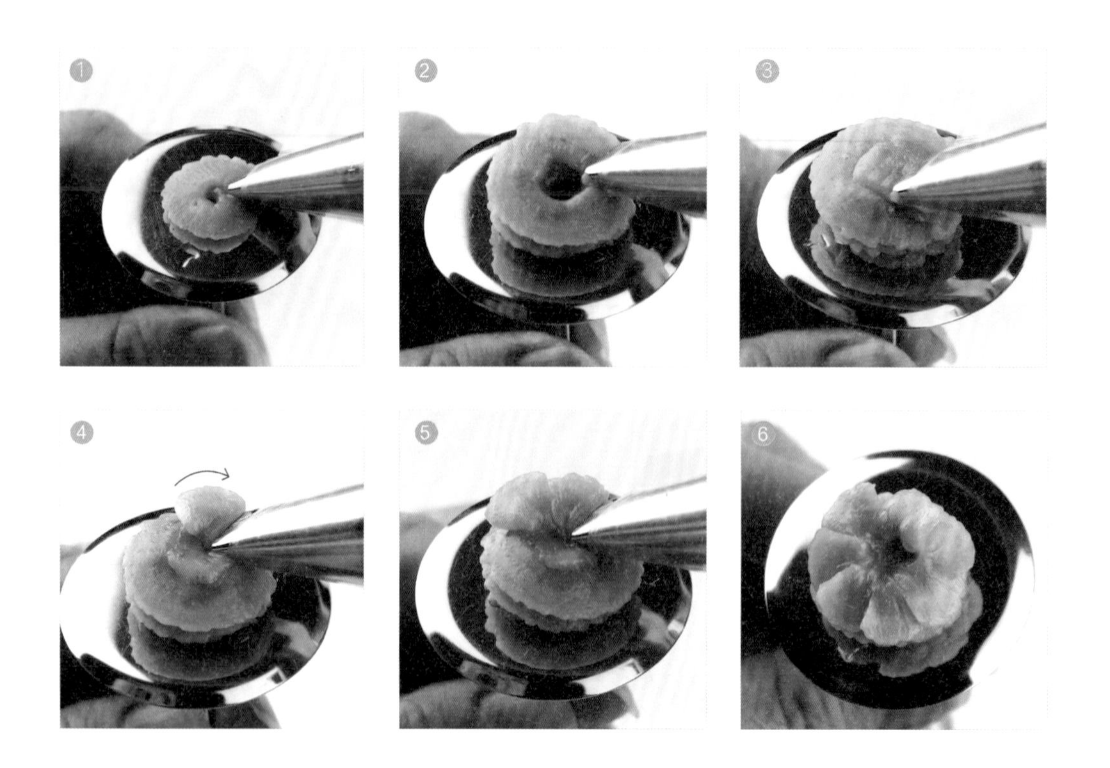

1	2	3
4	5	6

大麗花 ダリア

使用花嘴：102 號

1 在花釘上擠一圈奶油霜。

2 再擠出第二圈，製作兩圈的高度，主要是為了方便花剪取下花朵。

3 在中間補上一點奶油霜。

4 花嘴尖部朝外，花釘逆時針旋轉，花嘴向上擠出約 0.5 公分後收回。

5 維持 0.5cm 的長度，持續每一個花瓣的尺寸。

6 順著基底的圓形位置，製作一圈花瓣，完成第一層。

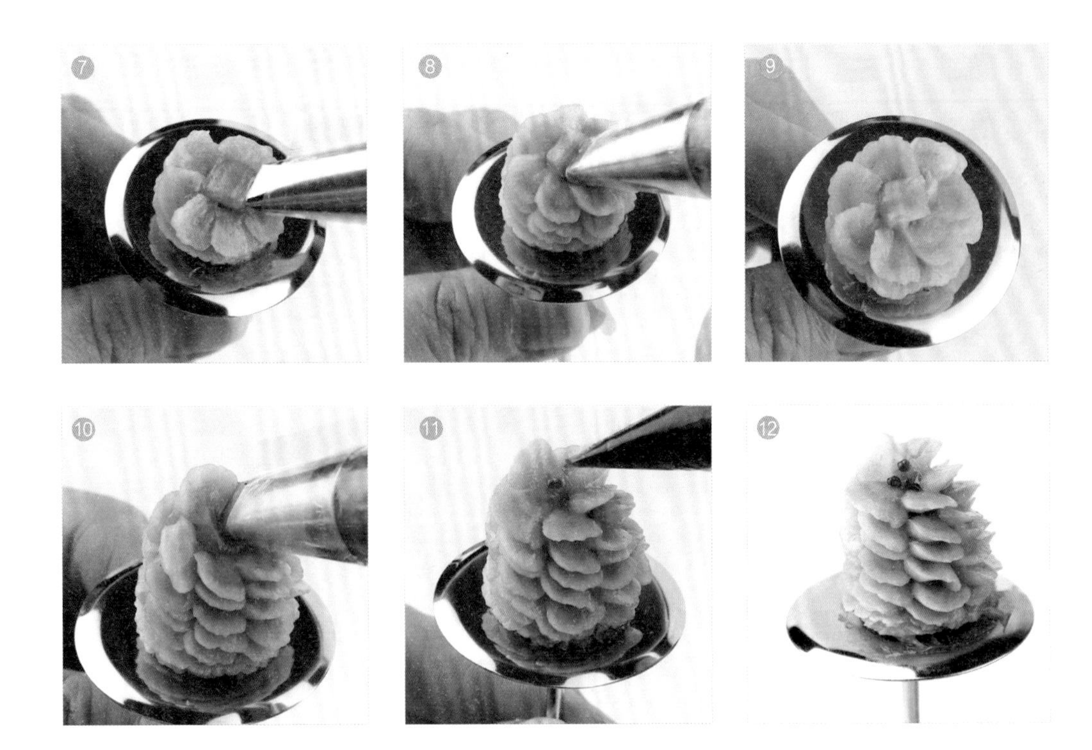

7	8	9
10	11	12

7 在第一層中心的圓洞補上一點奶油霜。

8 在相同的花瓣位置，進行第二層環形的花瓣製作。

9 中心的空間一樣補上一點奶油霜。

10 依此類推，往上製作6層，在第6層時，花瓣稍微縮短一點長度。

11 準備深紫色奶油霜，製作花心。

12 點三點，即完成。

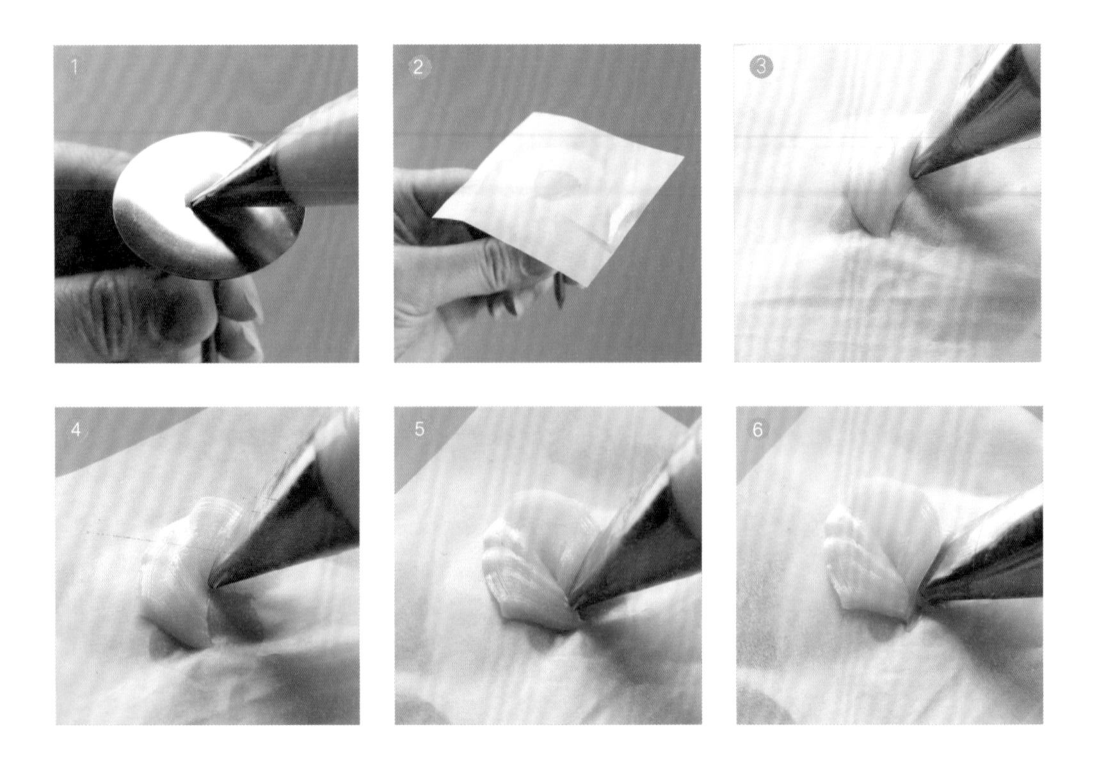

1 2 3
4 5 6

水仙 すいせん

使用花嘴：102 號

1 擠一點奶油霜在花釘上。

2 放上烘焙紙。

3 花嘴尖端朝外，圓端朝內，以中心處為起點，向外側直線擠出，同時慢速逆時針轉動花釘。

4 花嘴到達圓周時，同步向內側中心點持續擠出，此時花釘同步逆時針旋轉。

5 完成第一瓣花瓣製作。

6 第二瓣花瓣從第一瓣下方中心點開始，方法同第一瓣做法。

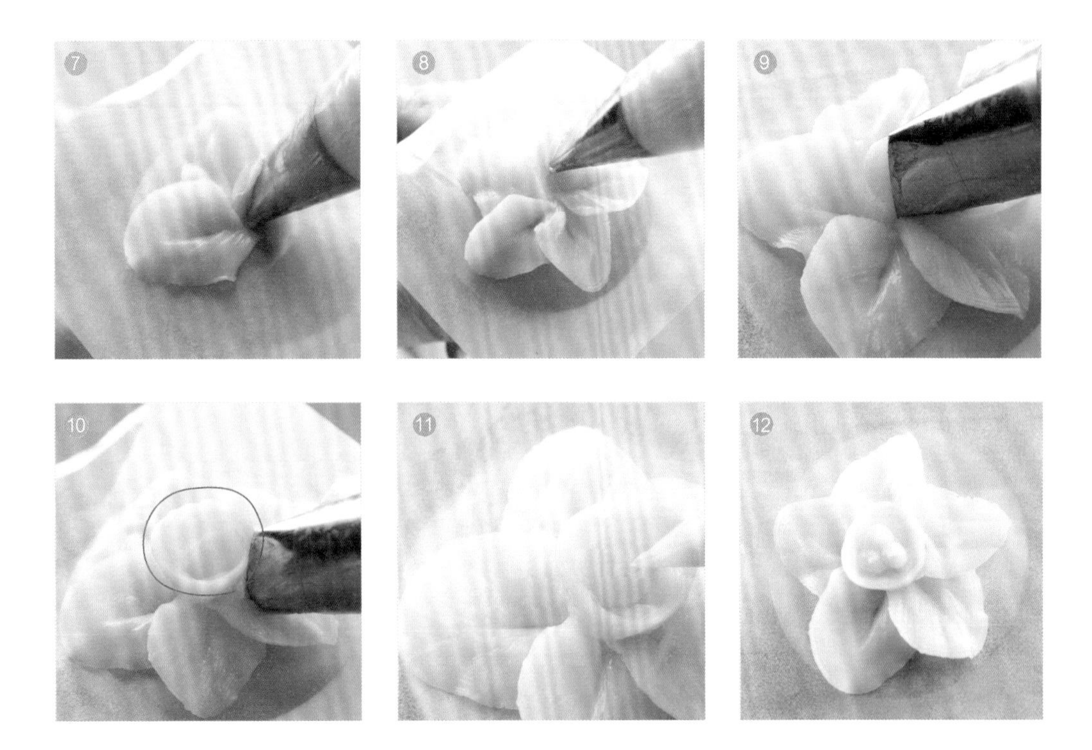

7	8	9
10	11	12

7 完成第二瓣。

8 依序完成五瓣，仔細保持每一瓣的尺寸相同。

9 準備黃色奶油霜，製作水仙花的圓形花瓣。

10 花嘴以 90 度角的方向擠出，此時花釘同步逆時針旋轉，完成圓形花瓣。

11 在花心中擠上一圓形奶油霜。

12 點上三點花心，即完成。

Chapter4

Flower box Cake

フラワーケーキ

Flower Cake Design

春漾花盒蛋糕

THE CAKE TASTED SWEET

蛋糕

直徑 15 公分、高度 7 公分

- 繡球花 - 使用花嘴：102 號
- 水仙花 - 使用花嘴：102 號
- 大麗花 - 使用花嘴：102 號
- 牡丹 - 使用花嘴：120 號
- 陸蓮 - 使用花嘴：花瓣 120 號＋花心 124K 號
- 菊花 - 使用花嘴：81 號
- 奧斯汀玫瑰 - 使用花嘴：124K 號

1 將蛋糕塗滿奶油霜。

2 沿著盒子邊緣，依序放上玫瑰、牡丹。

3 放入奧斯汀玫瑰，靠近邊緣處則選用繡球花、大麗花，可適時將空隙補上。

4 點綴上陸蓮，讓它成為視覺焦點，再放上菊花、鬱金香等，奘滿整個盒子。

利用花朵的大小、高低落差，可以豐富整個畫面。

5 最後點綴上水仙，並在盒子邊緣擠上綠葉，即完成。

Chapter4
Flower box Cake2

フラワーケーキ
Flower Cake Design

立體花盒蛋糕
THE CAKE TASTED SWEET

Flower Box Cake2

FLOWER CAKE DESIGN

梔子花 クチナシ

桔梗 ききょう

戀玫瑰 本物のバラ

透過上下層蛋糕的設計，巧妙地創造視覺重心，
低彩度的藍色，為蛋糕增添一抹淡雅氣息，
佐以大地色的花朵，低調中卻又不失氣質。

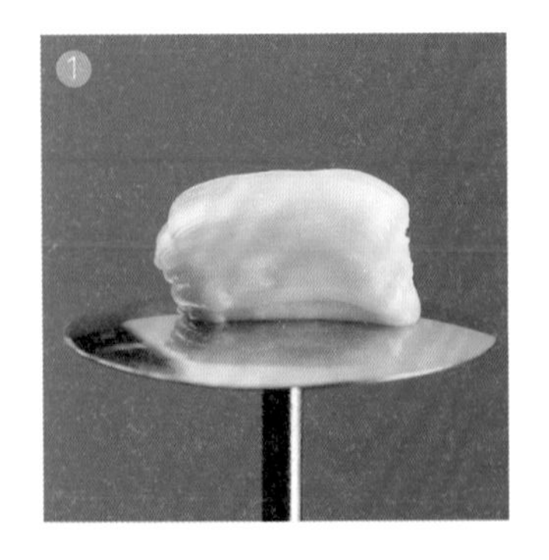
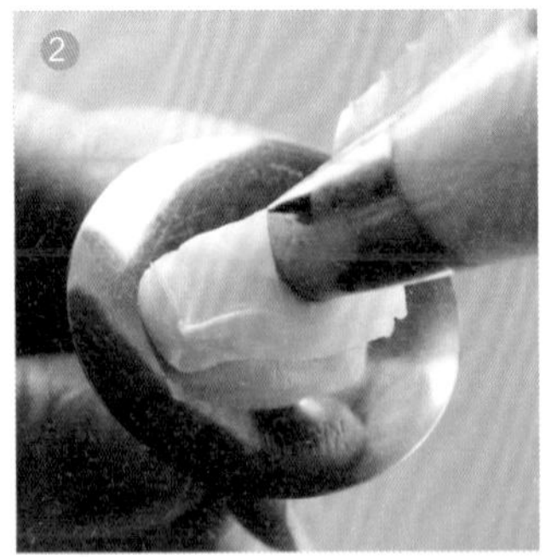
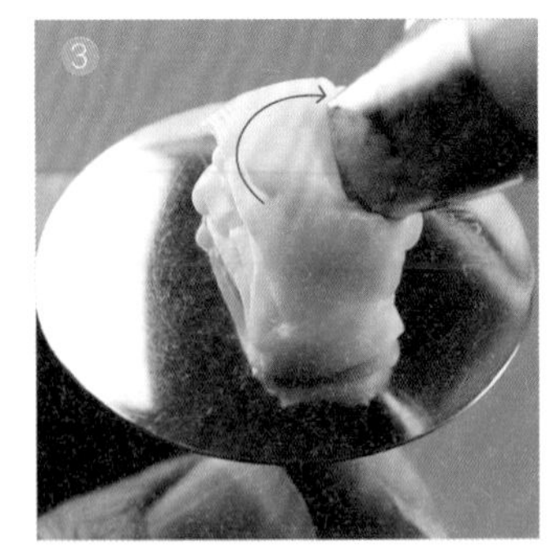
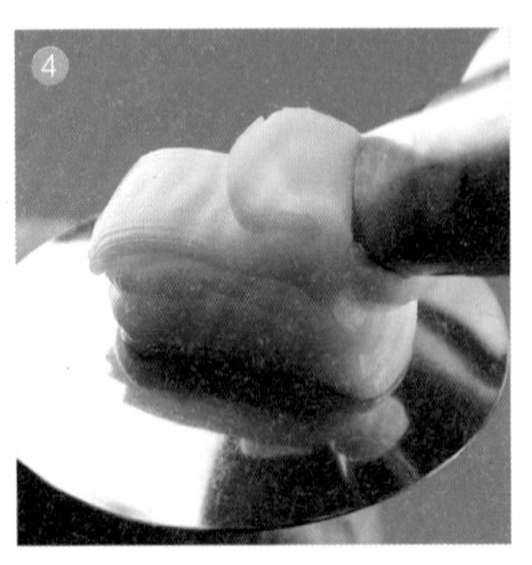
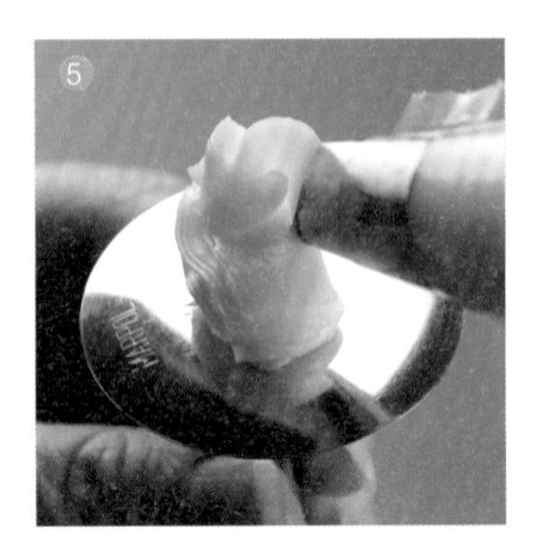

1 2 3
4 5

梔子花 クチナシ

使用花嘴：124K 號

1 製作一長方形基座，高度約 2 公分。

2 將花嘴尖部朝上，圓部插入基座，保持 90 度。

3 花嘴依圖示方向擠出，同時逆時針旋轉花釘。

4 擠出第一辦花心。

5 梔子花的花心呈交握形狀，第二瓣與第一瓣形狀類似一個扣環狀。

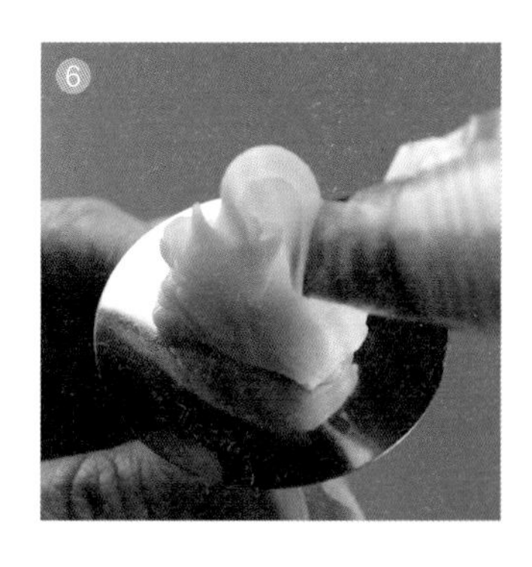

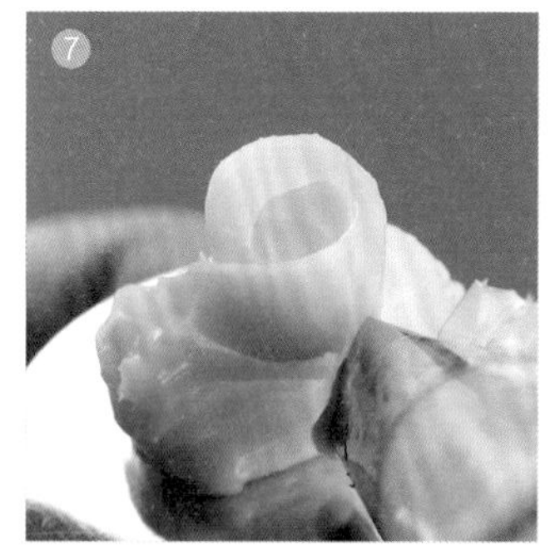

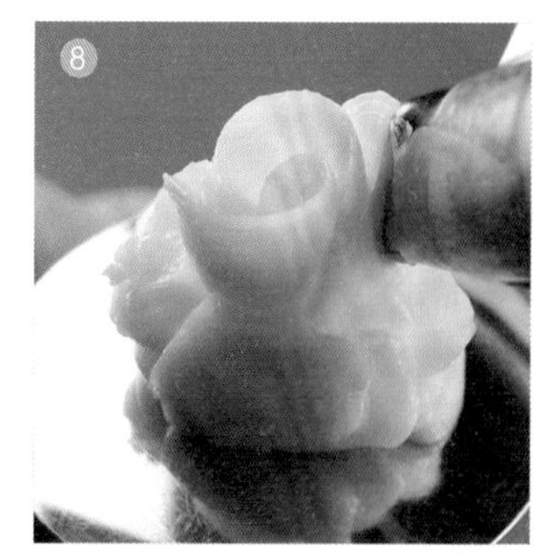

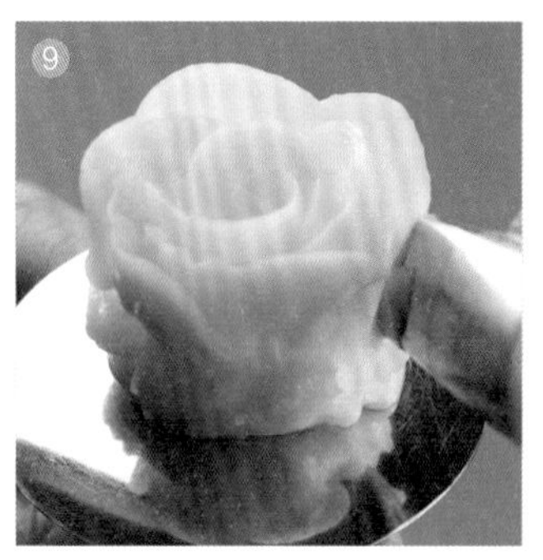

6 7 8
9 10

6 第二層花心同第一層做法，稍微加大弧度。

7 第三層，開始第一層花瓣製作，在三點鐘方向插入基座。

8 向上拉一圓弧狀，五等分該圓形。

9 完成第一層花瓣。

10 花瓣下拉方向。

○ 11 12

梔子花 クチナシ

使用花嘴：124K 號

11 依此類推，向外製作四層。

12 完成梔子花。

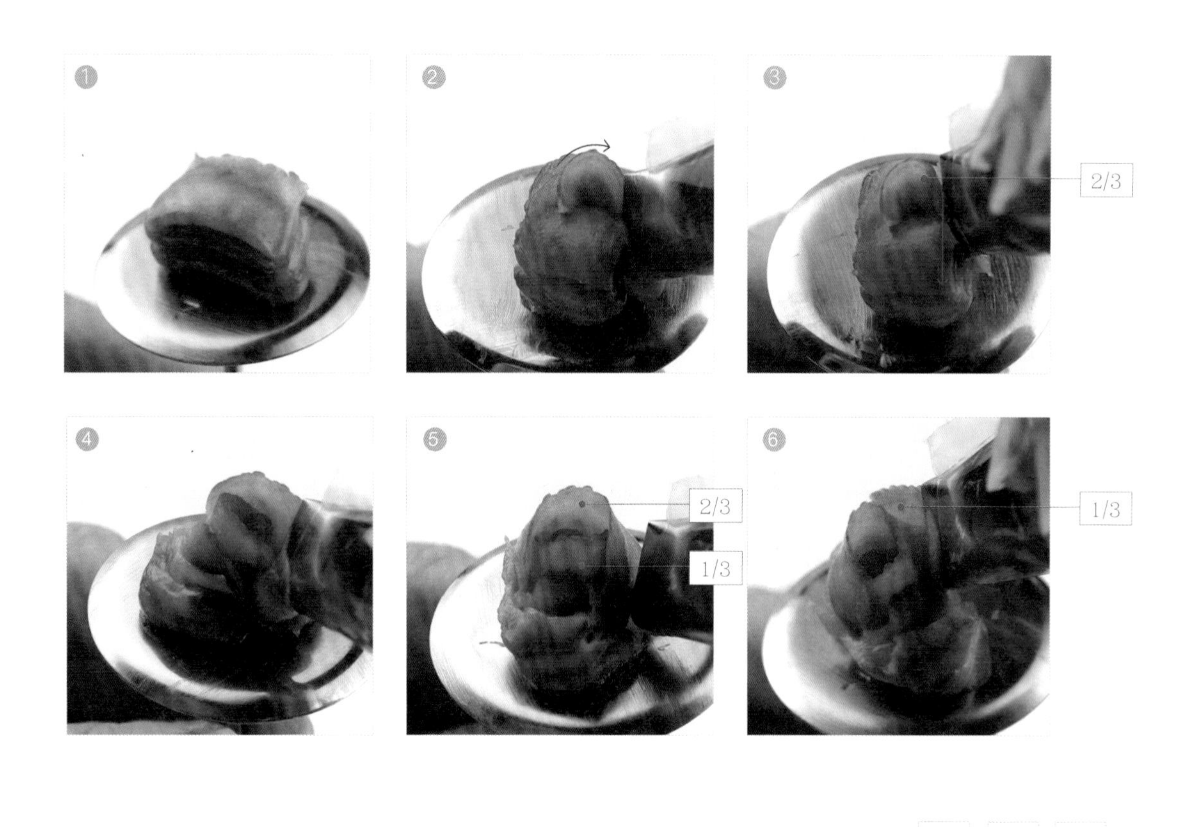

1 2 3
4 5 6

桔梗 ききょう

使用花嘴：103 號

1 製作一長方形基座，高度約 1.5 公分。

2 花嘴依圖示方向擠出，同時逆時針旋轉花釘。

3 旋轉 2/3 後下拉至基座。

4 第二層稍加大，從 1/3 處旋轉至 2/3 後下拉至基座。

5 重複這個動作。

6 花瓣逐漸加大。

7 8 9
10 11

桔梗 ききょう

使用花嘴：103 號

7 每一次花瓣的包圍約加大 1/3，同時每一次的包覆都下拉到基座。

8 下拉到基座的圖示。

9 第三層依相同方法製作。

10 最後一層花嘴稍微向外偏移，讓花瓣呈現較開的狀態。

11 使用橘色奶油霜，花心由內向上拉，呈直條狀，直到完全填滿，即完成。

戀玫瑰 本物のバラ

使用花嘴：124K 號

1. 製作一長方形基座，高度約 2 公分。
2. 將花嘴以 45 度角插入基座，同時逆時針旋轉花釘，做出一個圓錐形花心。
3. 第一層圍繞花心，做三瓣花瓣包覆，頂端微開。
4. 第二層高於第一層，花瓣以圓弧狀進行製作，做 5 瓣花瓣。
5. 第三層高於第二層 0.5 公分，加大圓弧幅度，做 5 瓣花瓣。

6 7 8

戀玫瑰 本物のバラ

使用花嘴：124K 號

6 第四層開始下降高度 0.2 公分，花瓣弧度加大，做 5 瓣。

7 第五層再降 0.2 公分，做 6 瓣，弧度再加大。

8 完成戀玫瑰。

Chapter4
Flower Box
Cake2

フラワーケーキ
Flower Cake Design

立體花盒蛋糕
THE CAKE TASTED SWEET

蛋糕
上蓋：直徑 15 公分，高度 7 公分；底座：直徑 15 公分，高度 7 公分

- 梔子花 - 使用花嘴：124K 號
- 桔梗 - 使用花嘴：103 號
- 戀玫瑰 - 使用花嘴：124K 號

1 將一小塊蛋糕放在大蛋糕的中間。

2 將小塊蛋糕塗滿奶油霜。

3 將當作上蓋的蛋糕以45度角放在小蛋糕上固定好。

4 取中心點，先放上一朵梔子花，再分別往左右兩側放上梔子花、戀玫瑰。

5 再往左右兩側放上桔梗、戀玫瑰，完成下層的擺放。

6 再次補上奶油霜，以便黏合上層的花朵。

7 放上桔梗、中玫瑰。

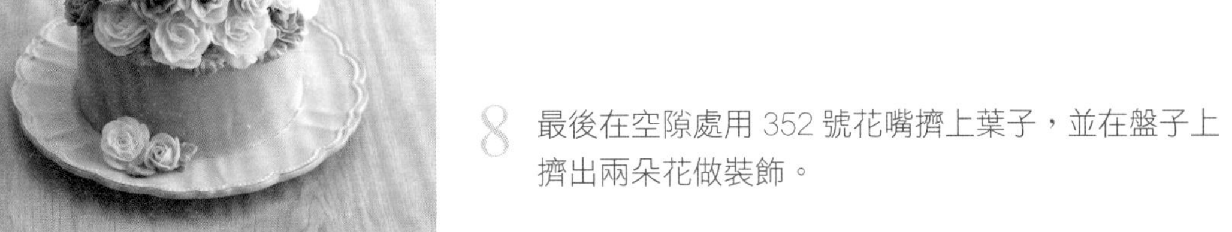

8 最後在空隙處用 352 號花嘴擠上葉子，並在盤子上擠出兩朵花做裝飾。

Chapter4
Double Wedding Cake
フラワーケーキ
Flower Cake Design
雙層婚禮蛋糕
THE CAKE TASTED SWEET
Yumiko's Cake
Yumiko's Cake
Yumiko's Cake

Double Wedding Cake

FLOWER CAKE DESIGN

覆盆子 ラズベリー

奥斯汀玫瑰 オースチンバラ

山茶花 ツバキ

以浪漫的櫻花粉，搭配溫柔的米色，
象徵繾綣情深的雙色愛戀，
點綴上細膩的花朵、白色珍珠，
帶來幸福永不止息的美好祝願。

1 2 3
4 5

覆盆子 ラズベリー

使用花嘴：2 號

1 在花釘上擠出一個半圓柱形基座。

2 逆時針旋轉花釘，花嘴從底部擠出一顆顆圓球。

3 順著第一層製作完後，繼續進行第二層製作。

4 製作第三層。

5 依相同方法製作第四、五層，即完成。

小圓點雖然很容易擠出，但要須控制力道，使每一個點大小均勻。

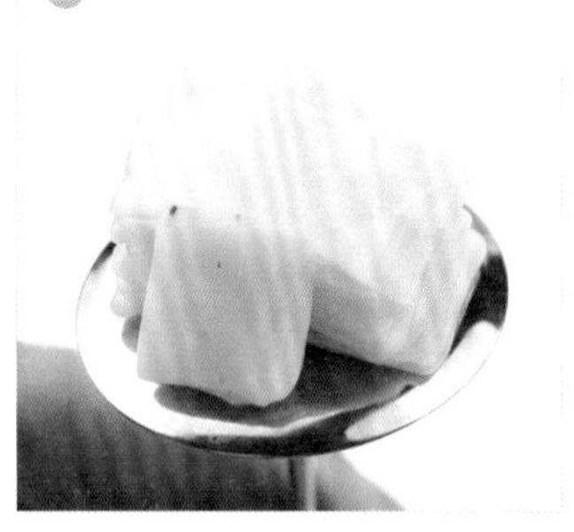

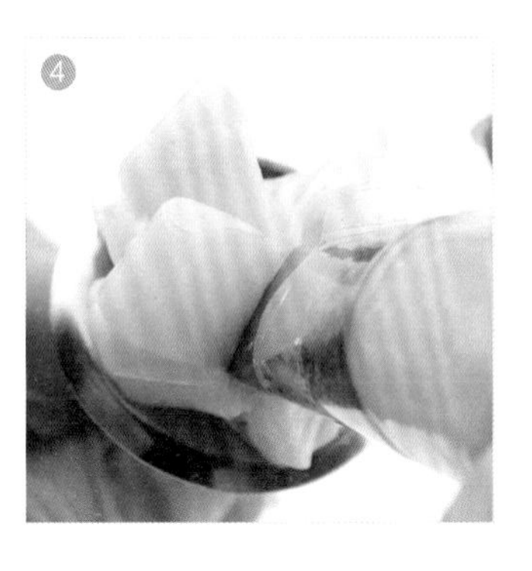

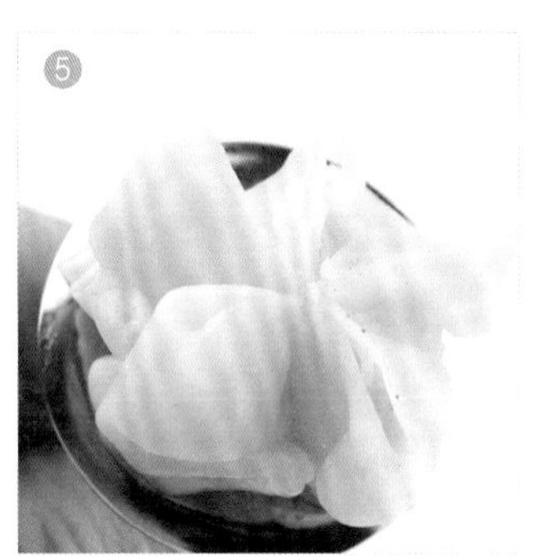

1 2 3
4 5

奥斯汀玫瑰 オースチンバラ

使用花嘴：124K 號

1 製作一長方形基座，高度約 2 公分。

2 在基座兩側補上 45 度小型輔助基座。

3 逆時鐘旋轉花釘，將花嘴以 90 度角往後拉，回到中心點，做出第一片皺褶花蕊。

4 依相同方法做出第二、三片皺褶花蕊，記得大小要一致。

5 共做出五等分的花蕊。

奥斯汀玫瑰花蕊呈現多重皺褶，所以製作花蕊時皺褶的細膩度與層次是重點。

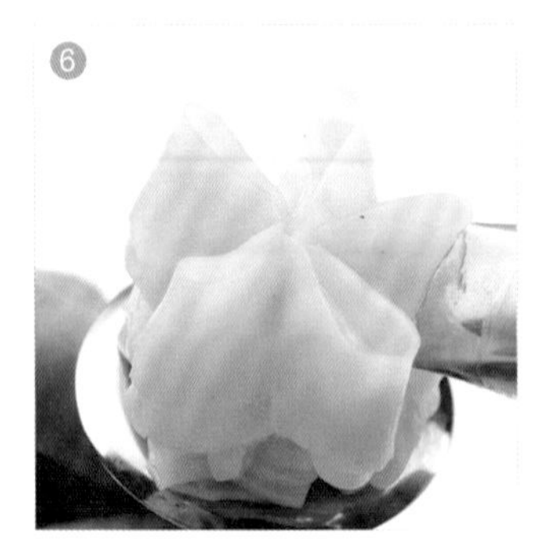

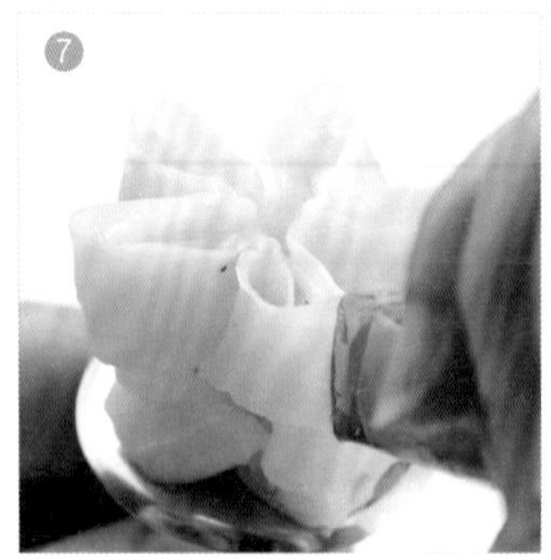

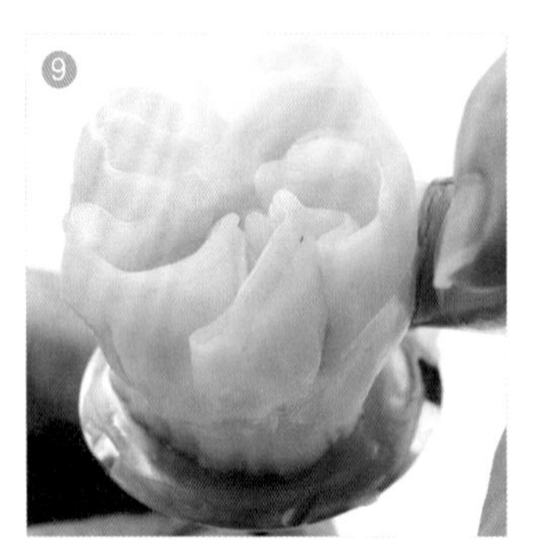

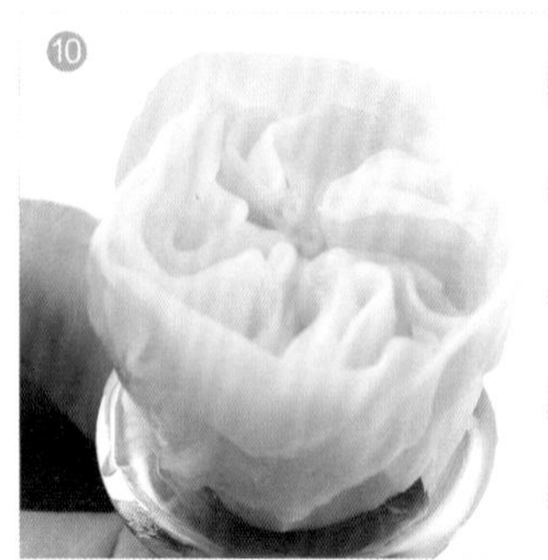

6	7	8
9	10	

奥斯汀玫瑰 オースチンバラ

使用花嘴：124K 號

6 將花釘小心插入中心點，如圖向外拉出包覆花蕊。

7 包覆花蕊中。

8 一共包覆三次。

9 將花嘴於 3 點鐘位置碰觸花蕊外側，令其花蕊因外力產生變形，做成一小旋渦狀，此時擠出包覆花蕊的第一層花瓣，共 5 瓣。

10 第二層花瓣為 5 瓣，高度與花蕊同高。

11 12

11 第三層為 6 瓣，交錯於第二層花瓣。

12 基座整理，刮去多餘奶油霜後，再包覆一圈緊貼於第三層花瓣，即完成。

1 2
3

山茶花 ツバキ

使用花嘴：120 號

1 製作一長方形基座，高度約 2 公分。

2 將花嘴平貼基座，45 度角擠出，逆時針旋轉花釘，做出一個半圓形花瓣。

3 依序擠出 2 瓣，圍繞中心點，中心點須保留約 0.5 公分空間，完成第一層。

4 第二層高於第一層 0.2 公分，做 3 瓣。

5 第三層與第二層同高，製作 5 瓣花瓣，弧度逐漸加大。

6 第三層完成，準備製作第四層，維持相同高度。

7 8 9

山茶花 ツバキ

使用花嘴：120 號

7 第五、六層分別下降高度。

8 第六層完成。

9 準備黃色奶油霜製作花蕊，插入中心點，由下向上拉至與第一層同高後收手，即完成。

Chapter 4
Double Wedding Cake

フラワーケーキ
Flower Cake Design

雙層婚禮蛋糕
THE CAKE TASTED SWEET

蛋糕

上層：6 吋，高度 7 公分　　　下層：10 吋，高度 7 公分

- 奧斯汀玫瑰 - 使用花嘴：124K 號
- 戀玫瑰 - 使用花嘴：124K 號
- 山茶花 - 使用花嘴：120 號
- 覆盆子 - 使用花嘴：2 號
- 蘋果花 - 使用花嘴：104 號
- 瑪格麗特 - 使用花嘴：102 號

1 用 7 號花嘴沿著兩個蛋糕的接合處，擠出小圓球，完成一圈做裝飾。

2 下層依相同方式擠出小圓球，完成裝飾。

3 在想要放上裱花的位置，擠上奶油霜。

4 在上層蛋糕放上奧斯汀玫瑰、山茶花、戀玫瑰等花朵。

5 做出半月型的組合。

6 放上兩朵戀玫瑰，呼應最上層的戀玫瑰。

7 再分別放上喜歡的花朵，讓中下層左右兩邊稍微呈現對稱感。

8 依相同方法，完成剩下的左右兩邊。

9 可視需要，添加小花，讓畫面更豐富。

10 最後用 349 或 352 花嘴擠出葉子。

11 完成組合。

Chapter4

Licca Cake

フラワーケーキ

Flower Cake Design

莉卡娃娃

THE CAKE TASTED SWEET

莉卡娃娃
THE CAKE TASTED SWEET

- 玫瑰 - 使用花嘴：104 號
- 山茶花 - 使用花嘴：120 號
- 桔梗 - 使用花嘴：103 號
- 陸蓮 - 使用花嘴：120 號 +124K 號
- 瑪格麗特 - 使用花嘴：102 號

1 用 14 號花嘴擠出星星形狀，做出上衣。

2 將奶油霜塗抹在蛋糕上，沿著蛋糕邊緣擺上陸蓮、桔梗、玫瑰等花朵。

3 先從正面慢慢地往上方擺起。

4 再往左右兩邊延伸，注意花與花之間要緊密黏合，盡量不要留有空隙。

5 若發現空隙較大，可以放上瑪格麗特等較小的花進行裝飾。

6 莉卡娃娃蛋糕完成。

Chapter4

Christmas Cupcakes

フラワーケーキ

Flower Cake Design

聖誕節蛋糕

THE CAKE TASTED SWEET

1 2 3
4 5

棉花 コットン

使用花嘴：7 號

1 取一抹好面的杯子蛋糕，將深咖啡色奶油霜裝入裱花袋，在邊緣進行拉線。

2 重複拉線，並且以圓形方向交疊。

3 約第四圈時，拉線開始左右交疊。

4 使用 7 號花嘴裝入白色奶油霜，接近樹藤約 0.1 公分，擠出後慢慢往上拉提，完成一個圓球狀。

5 依此類推，五個球或三個球都可以。

6 7 8
9 10

6 在兩個圓球中間，使用剛才畫樹枝的深咖啡色奶油霜，往上畫線。

7 一共畫出五條邊線。

8 製作小葉子，平均分布在樹藤兩側。

9 使用紅色奶油霜，製作小莓果。

10 點綴金色糖珠，即完成。

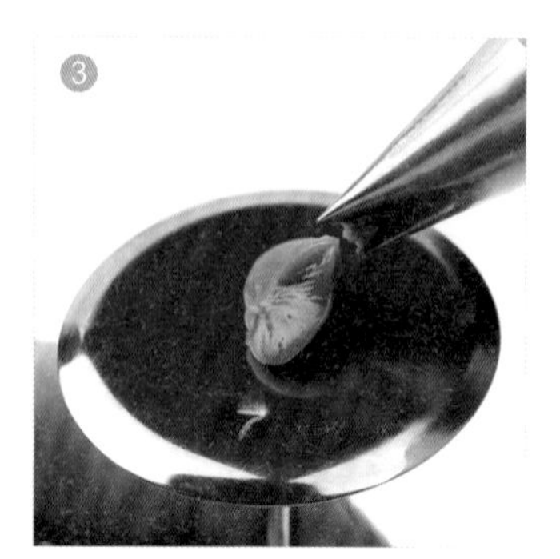

1 2 3

小葉子小さな葉

使用花嘴：349 號

1 花嘴尖端部方向呈上下，花釘不動。

2 輕微力量擠出，尾端時收力。

3 收力後向上拉出，即完成。

1 2
3 4

聖誕紅 ポインセチア

使用花嘴：352 號

1 取一抹好面的杯子蛋糕，如圖圍上一圈。

2 重複這個動作，直到奶油圍上兩圈。

3 開始做花瓣，花瓣的製作技巧以內奶油圈為起點，外奶油圈為終點，擠出一圓弧狀。

4 重複這個動作。

Tip

留意圍邊不要超過蛋糕杯緣。

5 6
7 8

聖誕紅 ポインセチア

使用花嘴：352 號

5 製作花瓣時，每一個花瓣都要注意寬度，不可以超過 1 公分。

6 第一圈完成。

7 開始製作第二圈，擠出的花瓣要選在第一層兩個花辨的中間，形成交疊的位置。

8 重複這個動作。

9 10

9 直到圍滿整個蛋糕表面。

10 取糖珠放在花心位置，並圍成一個圓形，即完成。

1	2
3	4

聖誕樹 クリスマスツリー

使用花嘴：14 號

1 使用奶油霜，在蛋糕中間擠出一個圓錐體。

2 使用綠色奶油霜，由底部開始點上。

3 慢慢往上。

4 點到中間位置，再換另一邊的底部開始點上綠色奶油霜，重複這個步驟。

5 將整個錐體點滿。

6 若有偏離，可以檢查形狀再補上，直到形成一個完整的圓錐狀。

7 聖誕樹本體完成。

8 使用金色與銀色兩種糖珠隨意點綴。

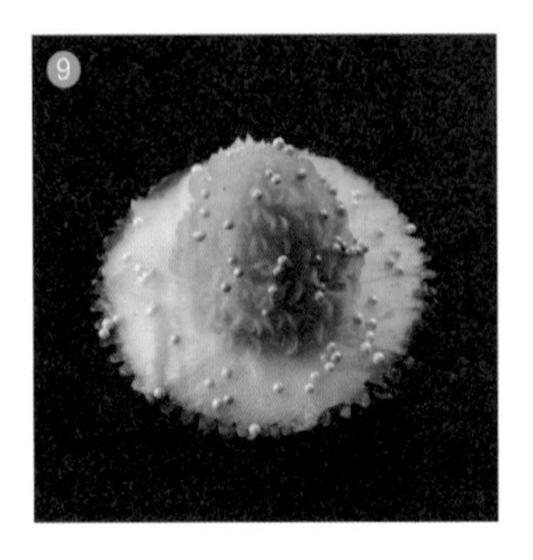

9

聖誕樹 クリスマスツリー

使用花嘴：14 號

9 最後將銀色糖珠鋪在蛋糕上面，即完成。

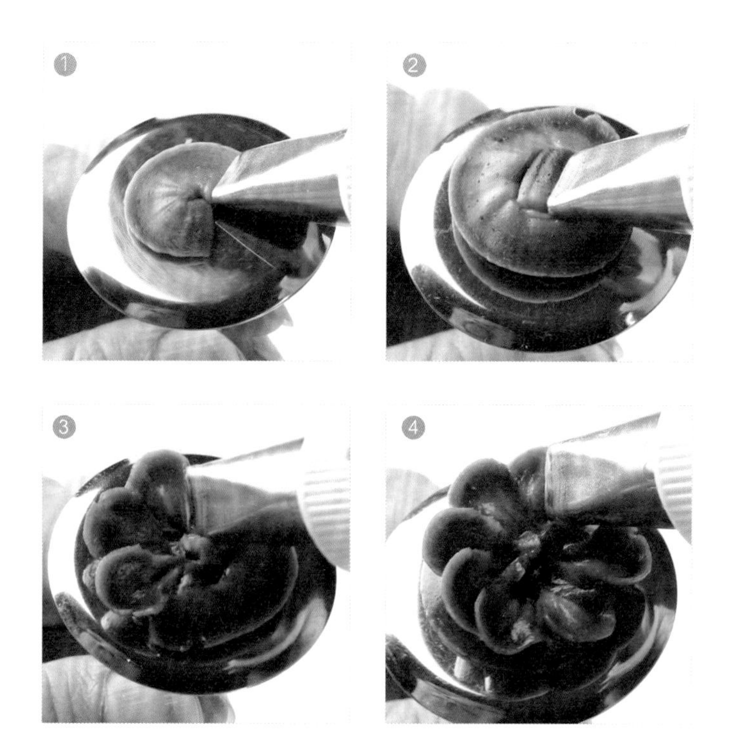

1 2
3 4

松果 パインコーン

使用花嘴：104 號

1 製作一個圓形基座。

2 基座需要做兩層，並把中間的洞補起來。

3 以中心為起始點，向外做一 45 度的圓，每個圓都要回到中心點。

4 依序做出八朵葉片，完成第一層。

5	6
7	8

松果 パインコーン

5 在第一層花瓣上方，再疊上一個基座，比下層縮小 0.2 公分。按第一層葉片作法，縮小做成六片。

6 完成第二層後，再疊上一個圓形小基座。上方再次縮小 0.2 公分，做出四片葉子，尾端上揚。

7 完成第三層後，依相同方法，做出兩片葉子。

8 完成第四層，即可。

松果蛋糕組合

1 準備三朵松果、一個杯子蛋糕。

2 使用奶油霜，在杯子蛋糕中間擠出一個圓錐體。

3 取一松果，底部呈 45 度斜面，放在圓錐體旁。

4 仔細黏合，確定不會鬆動。

松果蛋糕組合

5 取第二朵，依同樣方式做黏合。

6 第三朵黏合。

7 在兩朵之間，用 352 花嘴由內往外拉出，做出葉子。

8 三邊都同樣製作葉子。

9 將糖粉放入網篩後輕拍，平均灑在松果上。

10 松果蛋糕完成。

雪松果蛋糕組合

1 準備三朵雪松果、一個杯子蛋糕。
※ 雪松果做法同大麗花，請見 P168

2 使用奶油霜，在蛋糕中間擠出一個小圓球。

3 取一雪松果，平行置於小圓球旁。

4 仔細黏合，確定不鬆動，取第二、三朵，依相同方式做黏合。

5 黏合完成。

6 取深色奶油，在雪松果頂部點三點，製作松果子。

7 第二、三朵也依序點上。

8 在兩朵之間，用 352 花嘴擠出葉子。

9 由內往外拉出，依序做出第一、二片葉子。

10 第三片葉子。

11 在葉子與雪松果的縫隙間，點上紅色莓果適量，即完成。

玫瑰蛋糕組合

1 準備三朵玫瑰、一個杯子蛋糕。
※ 玫瑰做法，請見 P92

2 使用奶油霜，在蛋糕中間擠出一個圓錐體。

3 取一玫瑰，底部呈 45 度斜面，放在圓錐體旁。

4 仔細黏合，確定不會鬆動，再取第二朵，依同樣方式做黏合。

玫瑰蛋糕組合

5 第三朵黏合。

6 花朵放置完成。

7 在兩朵之間，用 352 花嘴製作葉子。
如圖由內往外拉出。

8 三邊都同樣製作葉子，即完成。

多肉植物蛋糕

Flower Cake

FLOWER CAKE DESIGN

フラワーケーキ

療癒系多肉植物蛋糕

外形圓胖、有肥厚莖葉或根的「多肉植物」療癒感十足，

光看就讓人身心超放鬆，進而窺探多肉的各種樣貌。

就讓我們用裱花一同感受多肉植物的迷人魅力吧！

CAFE FRANCE
1975
~breakfast Menu~
toast & coffee
ham and eggs & coffee
Open: 7 AM~

Chapter5

Succulent Cupcakes

フラワーケーキ

Flower Cake Design

療癒系 多肉植物蛋糕

THE CAKE TASTED SWEET

1 準備杯子蛋糕、適量奇亞籽。

2 將杯子蛋糕表面塗抹上一層奶油霜。

3 如圖沾附奇亞籽。

4 多肉杯子蛋糕的基底，即完成。

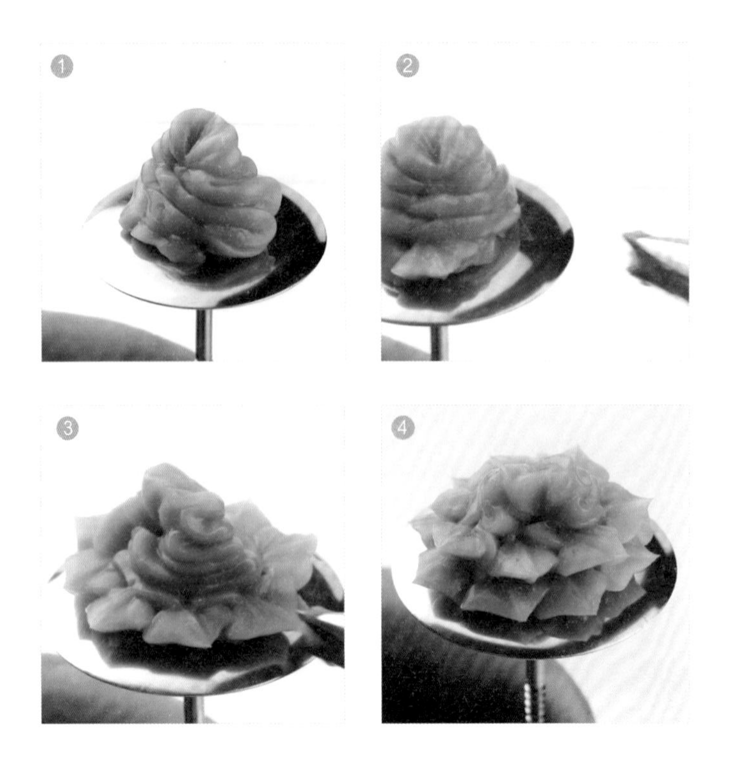

1 2
3 4

吹雪之松錦 吹雪之松

使用花嘴：352 號

吹雪之松錦會在莖葉交接處長出白色絲狀物，宛如雪一般，因而得名。擠葉子時，須留意葉片的完整性，每完成一圈都要停下來，觀察整體結構有無歪斜，並進行適度的調整呦！

1 在花釘上擠出一個圓錐體。

2 將花嘴以 45 度角插入基座，擠出一個葉子。

3 依相同方法，擠出一圈葉子。

4 依相同方法，擠出第二圈。

5 6

5 依序完成第三、四圈。

6 層層堆疊，直到完成。

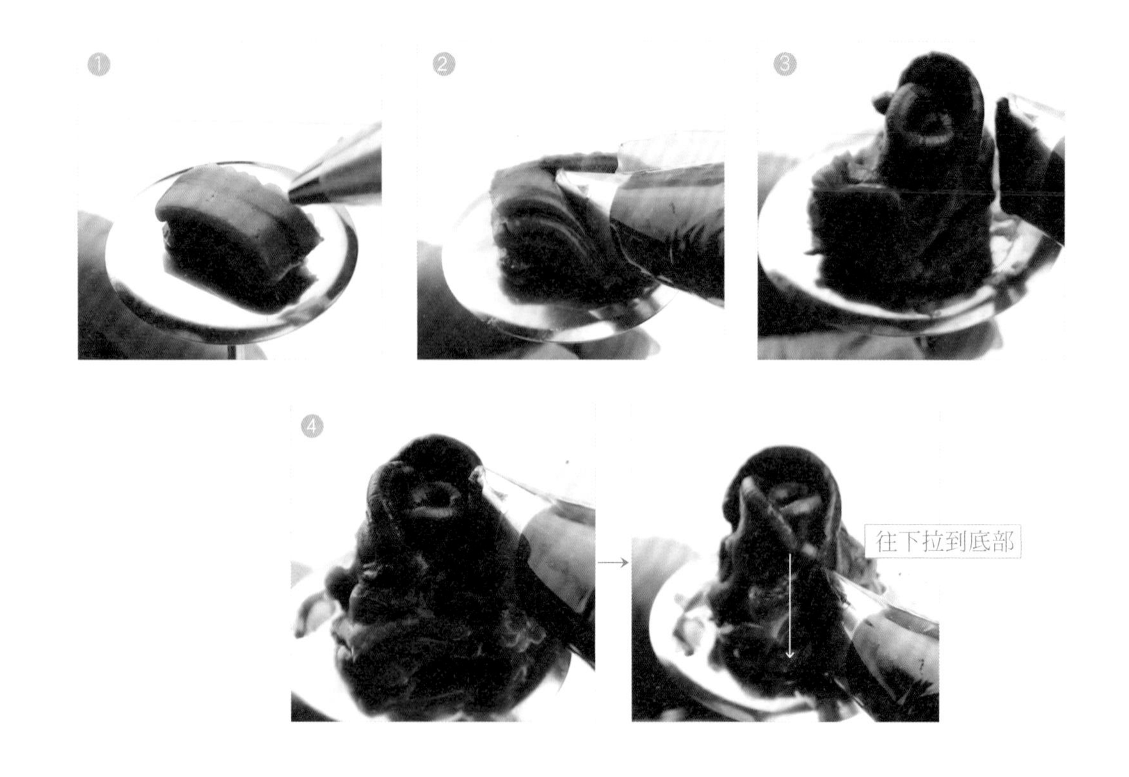

石蓮花 ストーンハス

使用花嘴：104 號

來自墨西哥的石蓮花，其外觀宛寶石精雕而成的花朵般，因此又稱寶石花。由於石蓮花的葉片肥厚，擠花時要留意整體葉片的彎曲弧度，並表現出層次感。

1 在花釘上擠出一長方形基座，高度約 1 公分。

2 將花嘴以直立的方式插入奶油霜中，直到底部。

3 花釘以逆時鐘方向旋轉，邊轉邊擠花，轉出一個花心。再將花嘴從三點鐘方向緊貼著花心，往上拉擠出第一個葉片。

4 擠出第二個葉片。

擠石蓮花時，花嘴胖的一端要朝上。

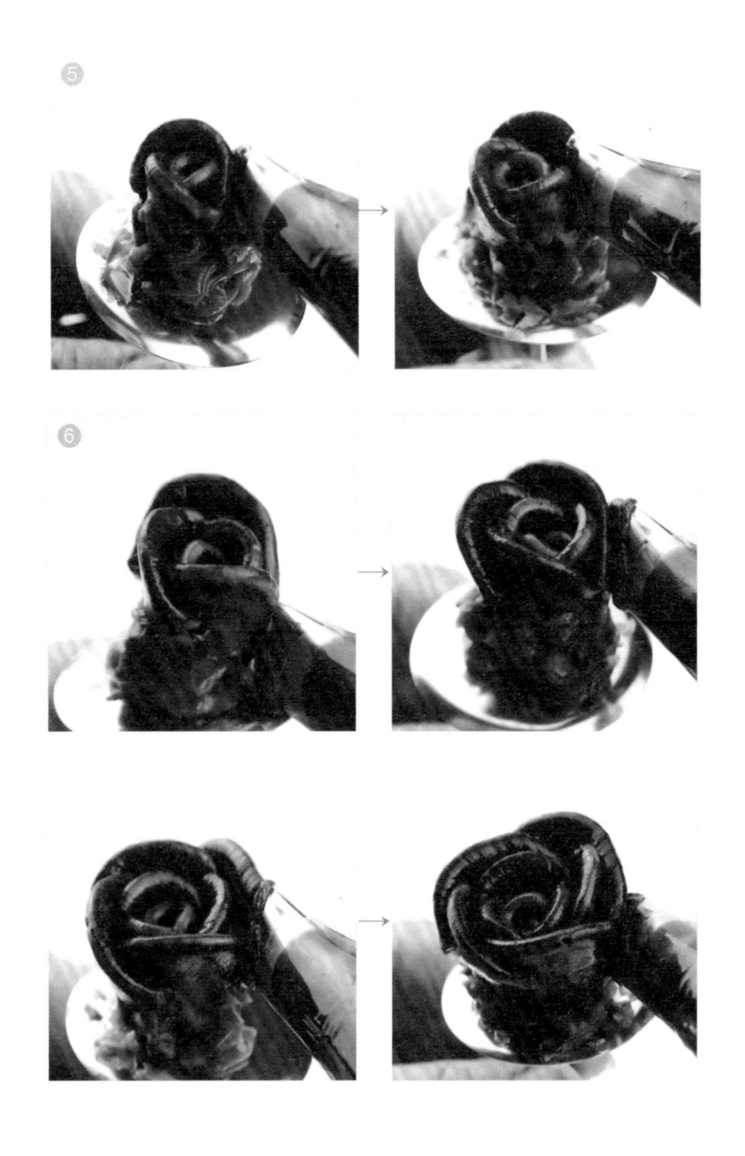

5 擠出第三個葉片，完成第一層。

6 第二層葉片要略高，依相同方法，做出五個葉片。

● ● 7 8

石蓮花 ストーンハス

使用花嘴：104 號

7 依相同方法，完成第三層，約五個葉片。

8 最後完成第四層，約五個葉片，即完成。

Chapter 5
Succulent Cupcakes

フラワーケーキ
Flower Cake Design

療癒系
多肉植物蛋糕
THE CAKE TASTED SWEET

1 2
3 4

緋牡丹 フェイ牡丹

使用花嘴：柱體 7 號 + 葉片 101 號 + 花 14 號

顏色鮮豔的緋牡丹，是仙人掌植物中最常見的紅色球種，總讓人一眼難忘。擠葉子時，須掌握好每片葉子之間的間隔距離，不要有大有小，整體才會有和諧感。

1 在花釘上擠出一個半圓柱形基座。

2 將花嘴以直立的方式插入奶油霜中，直到底部。

3 慢慢地由下往上擠出葉片，直到頂端。

4 依相同方法，邊擠邊留意葉片大小、間距是否一致。

5 6
7

緋牡丹 フェイ牡丹

使用花嘴：柱體 7 號 + 葉片 101 號 + 花 14 號

5 完成所有的葉片。

6 用 14 號花嘴擠出星星狀的小花。

7 擠花袋剪小洞裝白色奶油霜，拉出緋牡丹身上的刺，即完成。

1 2 3
4 5

新玉綴 つづり

使用花嘴：7 號或直接在裱花袋剪一個洞

新玉綴葉子短而圓，小巧的模樣十分惹人憐愛。做法相當簡單，只要留意擠出來的圓球形大小一致，每圈緊密相連，不要留有空隙即可。

1 在花釘上擠出一個半圓柱形基座。

2 逆時針旋轉花釘，花嘴從底部擠出一點圓球形，圍成一圈。

3 依相同方法，完成第二圈的製作。

4 進行第三圈的製作。

5 最後在頂端擠一點，新玉綴完成。

注意不要留有空隙，整體會比較美觀。

1　2　3
4

千佛手 静夜つづり

使用花嘴：7 號或直接在裱花袋剪一個洞

千佛手，是由一片片綠色葉子所組成，做法簡單，只要掌握好葉子生長的方向，以及高低落差，就能營造生動活潑的氛圍。

1 在花釘上擠出一個半圓形基座。

2 由下往上擠出葉子，高度約 2 ～ 3 公分。

3 從中間開始向外擠出更多的葉子。

4 讓葉子朝不同方向生長，高度不一，會比較活潑。

Chapter5

Succulent Cupcakes

フラワーケーキ

Flower Cake Design

療癒系
多肉植物蛋糕

THE CAKE TASTED SWEET

1 2
3 4

仙人掌 カクタス

使用花嘴：柱體 7 號 + 葉片 101 號 + 花 101 號

不少人喜歡在家中種植花草，其中又以球形的仙人掌最受青睞。擠法與緋牡丹相同，差別在於花朵生長位置不一樣，掌握好訣竅，仙人掌就能輕鬆做。

1 在花釘上擠出一個半圓柱形基座。

2 將花嘴以直立的方式插入奶油霜中，直到底部。

3 慢慢地由下往上擠出葉片，直到頂端。

4 依相同方法，邊擠邊留意葉片大小、間距是否一致。

5 完成所有的葉片。

6 擠花袋剪小洞裝白色奶油霜，拉出仙人掌身上的刺。

7 用擠玫瑰的方式，擠出一小朵花，再用花剪放置在仙人掌的頂端。

8 完成仙人掌。

YUMIKOs CAKE
YUMIKOs CAKE

Succulent
多肉植物造型圓胖，
其天然呆萌的模樣，
深受眾人喜愛，
透過奶油霜裱花，
製作出一盆盆小巧清新的盆栽，
不但成就感滿載，
身心也彷彿被治癒了一番！

Bean Cream

韓式裱花，除了奶油霜擠花外，也可以運用豆沙餡擠出美麗的花朵！兩者的不同在於奶油霜質地透亮，適合用來調色，花葉較為清新細緻，豆沙餡則質地霧感，花葉呈現更加自然。大家可以根據自己的喜好，加以選擇呦～

豆沙的調製配方

- 材料：白豆沙 600g
  動物性鮮奶油 200g

做法：

- 從烘焙材料行買回的白豆沙直接加動物性鮮奶油拌勻即可。

學會了擠花的方式後，也可以應用在豆沙霜喔！擠花技巧請參考前頁

To Kill a Mockingbird 275
fident that you gentlemen will review without passion
the evidence you have heard, come to a decision, and
restore this defendant to his family. In the name of God,
do your duty."
he said."
Dill suddenly reached over me and tugged at Jem.
"Looka yonder!"
his finger with sinking hearts. Calpur-
her way up the middle aisle, walking
Atticus.
STAUB

Peony
Cosmos
Carnation
Mini Rose

Cosmos

Astrantia

Ranunculus

Hydrangea

Scabiosa

Delphinium

Wax flow